GUIDE COMPLET DU BRICOLEUR
LA PLOMBERIE

Traduit de l'américain
par Jacques Vaillancourt

LES ÉDITIONS DE L'HOMME

Note de l'Éditeur : Avant d'entreprendre les travaux de bricolage et de rénovation expliqués dans le présent ouvrage, il est très important que vous preniez soin de vous informer auprès de votre ville ou de votre municipalité de la réglementation concernant ce genre de travaux, des lois du code régional et des restrictions s'appliquant à votre localité. Il est aussi prudent que vous respectiez toutes les mesures de sécurité prescrites dans ce livre et que vous fassiez appel aux conseils et à la compétence d'un professionnel en cas de doute ou de difficulté.

Données de catalogage avant publication (Canada)

Vedette principale au titre :

La plomberie

(Guide complet du bricoleur)
Traduction de : The complete guide to home plumbing

1. Plomberie - Manuels d'amateurs. 2. Habitations - Entretien et réparations - Manuels d'amateurs. I. Vaillancourt, Jacques. II. Black & Decker Corporation (Towson, Mar.) III. Collection.

TH6124.C6614 2001   696'.1   C2001-941448-X

Éditeur exécutif : Bryan Trandem
Directeur artistique : Tim Himsel
Coordonnatrices de l'édition : Michelle Skudlarek
Directeur de l'édition : Jerri Farris

Rédacteur en chef : Thomas A. Lemmer
Directeur artistique en chef : Kevin Walton
Graphistes : Kari Johnston, Lynne Beckedahl
Illustrateur: Rich Stromwall
Photographe technique en chef : Keith Thompson
Directrice du projet : Julie Caruso
Photographe: Tate Carlson
Menuisier de l'atelier : Dan Widerski

L'ouvrage original a été créé par l'équipe de Creative Publishing international, Inc.,
en collaboration avec Black & Decker. Black & Decker® est une marque déposée de The Black & Decker Corporation utilisée sous licence.

Crédits photos :

Delta Faucet Compagny.
www.deltafaucet.com

DISTRIBUTEURS EXCLUSIFS :

• Pour le Canada
et les États-Unis :
MESSAGERIES ADP*
955, rue Amherst
Montréal, Québec
H2L 3K4
Tél. : (514) 523-1182
Télécopieur : (514) 939-0406
* Filiale de Sogides ltée

• Pour la France et les autres pays :
INTERFORUM
Immeuble Paryseine, 3, Allée de la Seine
94854 Ivry Cedex
Tél. : 01 49 59 11 89/91
Télécopieur 01 49 59 11 96
Commandes :Tél. : 02 38 32 71 00
Télécopieur : 02 38 32 71 28

• Pour la Suisse :
INTERFORUM SUISSE
Case postale 69 - 1701 Fribourg - Suisse
Tél. : (41-26) 460-80-60
Télécopieur : (41-26) 460-80-68
Internet : www.havas.ch
Email : office@havas.ch
DISTRIBUTION : OLF SA
Z.I. 3, Corminbœuf
Case postale 1061
CH-1701 FRIBOURG
Commandes :Tél. : (41-26) 467-53-33
Télécopieur : (41-26) 467-54-66
Email : commande@ofl.ch

• Pour la Belgique et le Luxembourg :
INTERFORUM BENELUX
Boulevard de l'Europe 117
B-1301 Wavre
Tél. : (010) 42-03-20
Télécopieur : (010) 41-20-24
http://www.vups.be
Email : info@vups.be

L'ouvrage original américain a été publié
par Creative Publishing international, Inc.
sous le titre *The Complete Guide to Home Plumbing*

Dépôt légal : 4e trimestre 2001

Bibliothèque nationale du Québec

ISBN 2-7619-1646-8

Pour en savoir davantage sur nos publications,
visitez notre site : **www.edhomme.com**
Autres sites à visiter : www.edjour.com • www.edtypo.com
www.edvlb.com • www.edhexagone.com • www.edutilis.com

L'Éditeur bénéficie du soutien de la Société de développement des entreprises culturelles du Québec pour son programme d'édition.

Nous reconnaissons l'aide financière du gouvernement du Canada par l'entremise du Programme d'aide au développement de l'industrie de l'édition (PADIÉ) pour nos activités d'édition.

Table des matières

Introduction

La présente édition nouvellement révisée du *Guide complet de la plomberie résidentielle* contient toutes les informations pratiques et les techniques de plomberie dont un propriétaire a besoin pour comprendre, installer, réparer, remplacer et entretenir avec assurance la plomberie de sa maison.

Toutes les techniques de réparation et tous les projets détaillés dans l'ancienne édition ont été mis à jour et demeurent conformes au *Code national de la plomberie* et au *Code national du bâtiment*. Par exemple, la section portant sur la réparation des toilettes comprend maintenant les toilettes à faible chasse et les toilettes à pression de renfort.

Parmi les nouveaux projets expliqués dans le *Guide,* on compte l'installation de systèmes de filtration de l'eau pour l'évier ou pour toute la maison, de même que l'installation d'un tuyau de vidange permettant au lave-linge de se vider directement dans le tuyau d'évacuation d'un évier de service.

De plus, des renseignements et des conseils sur l'entretien des installations septiques et des pompes à eau ont été ajoutés pour vous aider non seulement à prolonger la vie utile de celles-ci, mais aussi à en prévenir les défectuosités.

Même si la plupart des projets proposés dans le *Guide* sont simples, certains, comme l'installation de la tuyauterie d'une cuisine, font appel à des techniques de base en menuiserie et en électricité. Avant de vous lancer dans un projet, lisez attentivement toutes les instructions. Vous saurez ainsi si vous êtes à même de le réaliser compte tenu de vos connaissances et du matériel dont vous disposez, ou si vous auriez avantage à recourir aux services d'un plombier.

Utilisation du *Guide*

Le *Guide* se divise en cinq sections. Chacune contient des instructions claires, des conseils de plombiers expérimentés, des tableaux de référence et des centaines de photos couleur qui vous guideront dans chacune des étapes des projets de plomberie.

La première section, une présentation de la plomberie résidentielle, renferme un glossaire des termes couramment utilisés en plomberie. Pour vous aider à comprendre les principes de base de la plomberie, nous y expliquons le cycle de l'eau, de la distribution de l'eau fraîche jusqu'au recyclage des eaux usées. Vous pourrez examiner des modèles détaillés de plomberie résidentielle, accompagnés d'une description complète de chacun des éléments de celle-ci (les tuyaux à code couleur vous aideront à distinguer les canalisations d'alimentation de celles d'évacuation), qui faciliteront le diagnostic des défectuosités et la planification des réparations.

La deuxième section porte sur la planification d'un projet de plomberie. Vous y apprendrez à dresser le plan de votre tuyauterie actuelle pour mieux préparer les réparations ou les nouvelles installations. Les tableaux de référence vous guideront dans l'inspection et le tracé de votre plan. Dans cette section, les principes de fonctionnement de la plomberie sont abordés, de même que les règles de conformité aux codes. À la fin de cette section, des instructions vous sont données à propos de la vérification de vos nouveaux tuyaux en vue de l'inspection finale.

Vous trouverez tout ce dont vous aurez besoin pour vos travaux de plomberie dans la troisième section. Celle-ci contient des photos et des descriptions des outils manuels

courants, des outils de plomberie spécialisés, des outils électriques et des outils de location utilisés dans les projets proposés. Vous y verrez aussi les divers types de tuyaux et de raccords. Vous apprendrez à les couper, à les adapter, à les réparer et à les remplacer. Grâce aux méthodes par étapes illustrant la manière de braser les tuyaux de cuivre, de coller les tuyaux de plastique et de remplacer les tuyaux de fonte, ces tâches qui vous paraissaient naguère intimidantes, vous les comprendrez et les trouverez simples.

La quatrième section décrit l'ajout de nouvelles canalisations d'alimentation et d'évacuation ; elle renferme des projets modèles de plomberie de cuisine et de salle de bain. Dans chaque projet, les éléments sont démontés et remontés pièce par pièce de manière que vous le compreniez mieux. Certains — plus particulièrement les projets d'installation d'une douche, d'une baignoire, d'une baignoire à remous et d'un lave-vaisselle — font appel à des techniques de menuiserie. L'installation d'un lave-vaisselle, d'une baignoire à remous ou d'un broyeur à déchets requiert des travaux d'électricité. Pour réaliser ces projets, vous devez posséder les techniques de menuiserie et d'électricité nécessaires. Cette section explique également l'installation d'un système de filtration de l'eau et d'un tuyau de vidange pour le lave-linge, en plus de donner un aperçu de la plomberie extérieure.

Bon nombre de projets de plomberie se réalisent sur des tuyaux et appareils existants. La cinquième section du *Guide* vous aidera à décider si vous devez les réparer, en remplacer certains éléments ou les enlever tous et tout refaire à neuf. Vous y trouverez des instructions sur l'installation de nouveaux tuyaux dans des planchers et murs finis ainsi que sur le remplacement des tuyaux reliant le compteur d'eau aux appareils. De plus, vous apprendrez à réparer les robinets, les toilettes et les tuyaux des baignoires et douches, de même qu'à réparer ou à remplacer un chauffe-eau électrique ou au gaz. À la fin de cette section, vous trouverez des renseignements sur l'entretien qui vous aideront à prolonger la vie utile de l'adoucisseur d'eau, de la pompe à eau et de l'installation septique. Vous apprendrez à prévenir le gel et l'éclatement des tuyaux, ainsi qu'à faire taire les tuyaux bruyants.

Grâce aux instructions complètes et aux conseils éclairés du présent *Guide*, la tuyauterie et tous ses éléments n'auront plus de secret pour vous. Vous voudrez conserver ce précieux ouvrage de référence à portée de la main pour le consulter souvent.

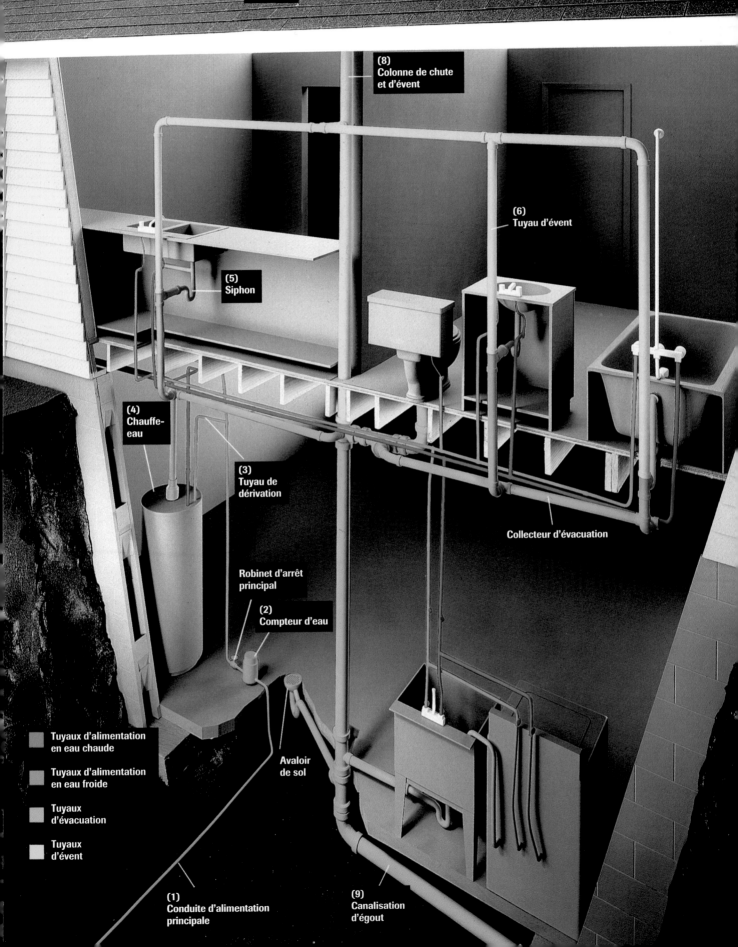

(7)
Évent de
colonne

(8)
Colonne de chute
et d'évent

(6)
Tuyau d'évent

(5)
Siphon

(4)
Chauffe-
eau

(3)
Tuyau de
dérivation

Robinet d'arrêt
principal

(2)
Compteur d'eau

Collecteur d'évacuation

Tuyaux d'alimentation
en eau chaude

Tuyaux d'alimentation
en eau froide

Tuyaux
d'évacuation

Tuyaux
d'évent

Avaloir
de sol

(1)
Conduite d'alimentation
principale

(9)
Canalisation
d'égout

Système d'alimentation en eau

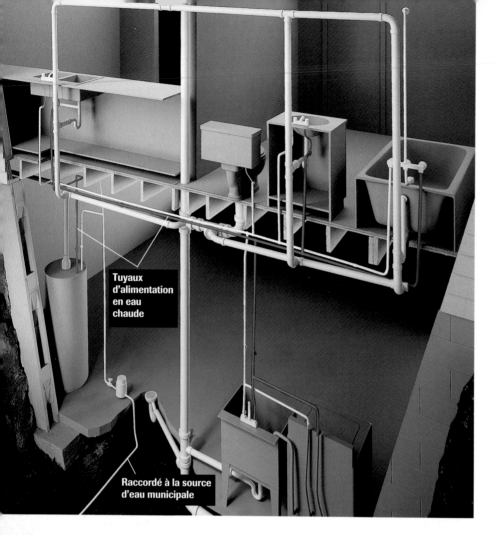

Tuyaux d'alimentation en eau chaude

Raccordé à la source d'eau municipale

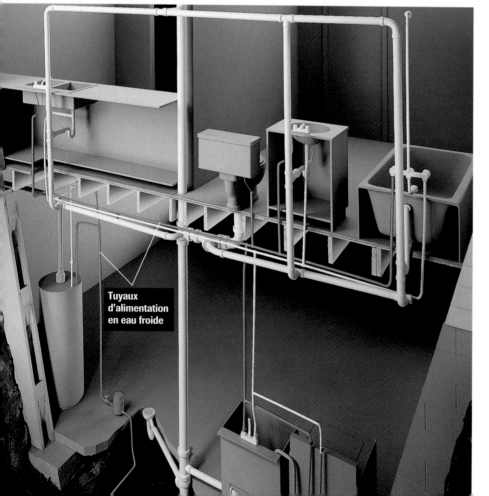

Tuyaux d'alimentation en eau froide

Les tuyaux d'alimentation acheminent l'eau chaude et l'eau froide dans toute la maison. Dans les maisons construites avant 1960, les tuyaux d'alimentation d'origine sont souvent en fer galvanisé ; dans les nouvelles maisons, ils sont en cuivre, bien que les tuyaux de plastique soient acceptés à peu près partout par les codes municipaux.

Les tuyaux d'alimentation sont conçus pour résister aux fortes pression du système d'alimentation en eau. Leur diamètre est petit — généralement de ½ po à 1 po, et ils sont joints par de solides raccords étanches. Ils courent dans toute la maison, généralement cachés dans les murs ou attachés sous les solives de plancher.

Les tuyaux d'eau chaude et d'eau froide sont raccordés aux appareils sanitaires et aux dispositifs. Les appareils sanitaires sont notamment les éviers, les baignoires et les douches. Certains appareils, comme les toilettes et les robinets d'arrosage, ne sont alimentés qu'en eau froide. Les dispositifs sont entre autres le lave-linge et le lave-vaisselle. La machine à glaçons d'un réfrigérateur n'utilise que de l'eau froide. Par convention, le tuyau et le robinet d'eau chaude sont placés du côté gauche d'un appareil ; ceux d'eau froide, du côté droit.

En raison de la pression qui s'y exerce, le système de distribution de l'eau est sujet aux fuites, surtout lorsqu'il est composé de tuyaux de fer galvanisé, dont la résistance à la corrosion est limitée.

Système d'égout

Évent

Tuyau
d'évent

Siphon

Tuyau
d'évacuation

Vers le
réseau
d'égoût
municipal

C'est la gravité qui permet à l'eau usée des appareils, dispositifs et drains divers de s'écouler dans les tuyaux d'évacuation. Ces eaux usées sont acheminées vers le réseau d'égout municipal ou vers la fosse septique.

Les tuyaux d'évacuation sont généralement en plastique ou en fonte. Dans certaines vieilles maisons, ils pourraient être en cuivre ou en plomb. Les tuyaux d'évacuation en plomb ne présentent aucun risque pour la santé puisqu'ils ne font pas partie de la tuyauterie d'alimentation. Aujourd'hui, on ne les fabrique plus pour la plomberie résidentielle.

Le diamètre des tuyaux d'évacuation, qui va de 1¼ po à 4 po, assure le bon écoulement des eaux usées.

Le siphon est un élément essentiel du système d'évacuation. Il s'agit d'un bout de tuyau courbe qui retient de l'eau stagnante ; il se trouve généralement à proximité de tout orifice d'évacuation. L'eau stagnante empêche les gaz d'égout de remonter dans le tuyau et de se dégager dans la maison. Chaque fois que l'on fait couler de l'eau dans l'orifice d'évacuation, l'eau stagnante est chassée et remplacée.

Pour que les eaux usées circulent aisément, un apport d'air est nécessaire au réseau d'évacuation. Tous les tuyaux d'évacuation sont donc reliés à un évent. L'ensemble du système d'évacuation et d'évent s'appelle « système d'égout ». Un ou plusieurs tuyaux d'évent, situés sur le toit, fournissent au système d'égout l'air dont il a besoin pour bien fonctionner.

Planification de votre projet

Cherchez les tuyaux d'alimentation cachés dans les murs ou sous les planchers en détectant la circulation de l'eau à l'aide d'un stéthoscope ou d'un verre, pendant que quelqu'un ouvre le robinet d'un appareil. Basez-vous sur l'emplacement des appareils sur les planchers d'en haut et d'en bas pour repérer la position générale des tuyaux.

Plan de votre installation de plomberie

Un plan de votre plomberie vous permettra de vous familiariser avec sa configuration et pourra vous aider à planifier vos projets de rénovation. Armé d'un bon plan, vous trouverez plus facilement l'endroit idéal où installer un nouvel appareil et serez en mesure de concevoir plus efficacement les nouveaux parcours de tuyau. Le plan vous sera également utile dans les cas d'urgence, lorsque vous devrez repérer rapidement un tuyau qui a éclaté ou qui fuit.

Dressez un plan de plomberie pour chaque étage de la maison, sur du papier calque, afin de pouvoir superposer les dessins d'étage et d'être en mesure de lire l'information indiquée sur les feuilles du dessous. Faites vos plans à l'échelle et marquez la position de tous les appareils. Vous trouverez le papier calque et le gabarit à tracer le symbole des appareils dans un magasin de matériel à dessin.

Conseils sur le plan de plomberie

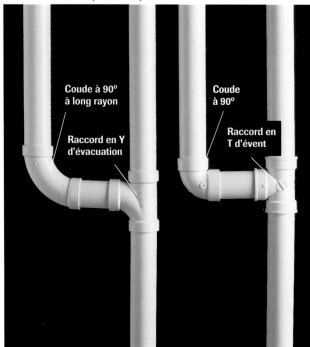

Coude à 90°
à long rayon

Coude
à 90°

Raccord en Y
d'évacuation

Raccord en
T d'évent

Apprenez à **distinguer les tuyaux d'évacuation des tuyaux d'évent** grâce à la forme des raccords. Le tuyau d'évacuation (à gauche) change graduellement de direction et requiert par conséquent un raccord en Y et un coude à long rayon. Le tuyau d'évent (à droite) peut être muni de raccords à angles raides, tels le raccord en T d'évent et le coude à rayon court.

Si tous les murs sont finis, **cherchez la position exacte de la colonne principale** en agitant la tige d'un furet dans l'évent de colonne, tandis que, dans la maison, quelqu'un prête oreille près des murs. Soyez toujours prudent lorsque vous travaillez sur le toit.

Servez-vous des plans d'étage de votre maison pour créer votre plan de plomberie. Sur du papier calque, convertissez le tracé du périmètre de chaque étage. Vous pouvez dessiner les murs plus larges pour pouvoir y marquer tous les symboles d'appareils, mais les dimensions globales des pièces ainsi que les appareils de plomberie doivent rester à l'échelle. N'oubliez pas le plan du sous-sol et du grenier.

Repérez tous les robinets des tuyaux d'alimentation et indiquez-les sur les plans. Ainsi, durant les réparations, vous pourrez ne couper l'eau que dans les canalisations touchées et maintenir l'alimentation dans le reste de la maison. Utilisez les bons symboles (à droite) pour indiquer les divers types de robinets (page 40).

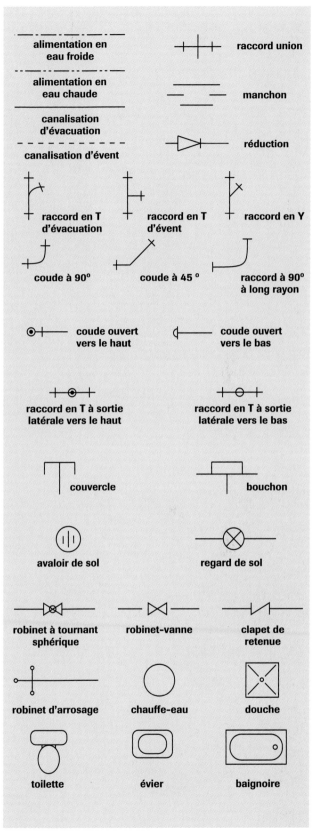

alimentation en eau froide

alimentation en eau chaude

canalisation d'évacuation

canalisation d'évent

raccord union

manchon

réduction

raccord en T d'évacuation

raccord en T d'évent

raccord en Y

coude à 90º

coude à 45 º

raccord à 90º à long rayon

coude ouvert vers le haut

coude ouvert vers le bas

raccord en T à sortie latérale vers le haut

raccord en T à sortie latérale vers le bas

couvercle

bouchon

avaloir de sol

regard de sol

robinet à tournant sphérique

robinet-vanne

clapet de retenue

robinet d'arrosage

chauffe-eau

douche

toilette

évier

baignoire

Utilisez les symboles de plomberie normalisés pour indiquer sur votre plan les éléments de votre plomberie. Ils vous aideront, vous et l'inspecteur, à reconnaître les pièces de raccordement et de transition.

Plan des tuyaux d'alimentation

1 Trouvez le compteur d'eau (généralement situé près d'un mur dans le sous-sol). Il constitue le premier raccordement de la conduite principale d'alimentation. Indiquez-en la position sur le plan du sous-sol.

2 Suivez le tuyau d'alimentation en eau froide, à partir du robinet d'arrêt principal, jusqu'au chauffe-eau. Ce dernier est généralement le premier dispositif alimenté en eau. Sur votre plan, indiquez la position du robinet d'arrêt et du chauffe-eau.

3 Trouvez le ou les tuyaux de dérivation d'alimentation en eau froide raccordés à des robinets d'arrosage extérieurs. Indiquez ces tuyaux sur votre plan.

4 Retournez au chauffe-eau. Sur votre plan, tracez le parcours des tuyaux d'eau froide et d'eau chaude qui sont raccordés aux appareils du sous-sol, par exemple à l'évier de service et au lave-linge.

5 Sur votre plan, indiquez tous les tuyaux raccordés à d'autres appareils du sous-sol. Les parcours de tuyau qui servent à la fois au sous-sol et au rez-de-chaussée doivent être indiqués sur les deux plans.

6 Dans le sous-sol, trouvez les endroits où les tuyaux d'alimentation traversent le plancher du rez-de-chaussée. En règle générale, ces tuyaux montent en ligne droite vers les appareils du rez-de-chaussée. En cas de doute, mesurez l'écart entre le mur extérieur et le tuyau montant, et comparez cet écart avec celui qui sépare l'appareil du rez-de-chaussée et le même mur. Si les mesures ne correspondent pas, c'est qu'il y a un déport caché le long du parcours.

7 Indiquez toutes les canalisations d'alimentation se rendant au rez-de-chaussée en plaçant le plan du rez-de-chaussée sur celui du sous-sol et en calquant la position des divers tuyaux traversant le plancher. Marquez tout déport de parcours existant entre le sous-sol et le rez-de-chaussée.

8 Placez le plan de l'étage par-dessus celui du rez-de-chaussée et indiquez-y la position des tuyaux d'alimentation (qui montent généralement à la verticale à partir des appareils du rez-de-chaussée). Si la position des appareils de l'étage ne correspond pas à celle des appareils du rez-de-chaussée, c'est qu'il y a un déport dans le parcours des tuyaux d'alimentation dans le plancher ou dans un mur. En superposant les plans, vous verrez la distance séparant les appareils et pourrez vous représenter la configuration des parcours. Si la position du parcours de tuyau n'est pas évidente, essayez de la repérer à l'aide d'un stéthoscope (page 18).

Plan des tuyaux d'évacuation

1 Dans le sous-sol, trouvez la colonne de chute et les appareils qui se déchargent directement dans celle-ci, comme une toilette.

Regard de nettoyage

2 Déterminez le parcours du tuyau d'égout principal sous la dalle de béton du sous-sol en suivant la colonne de chute jusqu'au bouchon du regard de nettoyage. Ce dernier est généralement situé près du mur faisant face à la rue.

Colonne de chute secondaire

3 Repérez toute colonne de chute secondaire pénétrant dans le sol. Le diamètre de celle-ci est généralement de 2 po (celui de la colonne principale est de 3 ou 4 po). Ces colonnes secondaires se trouvent souvent à proximité de l'évier de service ou sous une cuisine éloignée de la colonne de chute principale.

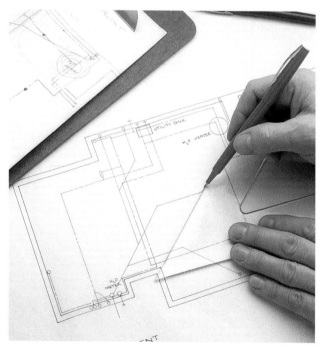

4 Sur le plan du sous-sol, indiquez la position de la colonne de chute, du regard de nettoyage et du tuyau d'égout principal (horizontal). Notez également la position de toute colonne secondaire et tracez le parcours que doit suivre le tuyau d'égout horizontal la reliant au tuyau d'égout principal.

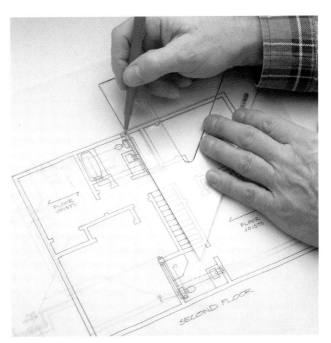

5 Dans le sous-sol, repérez les tuyaux d'évacuation horizontaux courant au plafond ainsi que les endroits où des tuyaux verticaux traversent le plancher du rez-de-chaussée. Placez le plan du rez-de-chaussée sur celui du sous-sol et calquez sur le premier la position des colonnes de chute. Indiquez-y également le parcours de tous les tuyaux d'évacuation horizontaux courant sous le plancher du rez-de-chaussée.

6 Placez le plan de l'étage sur celui du sous-sol ; calquez sur le premier la position des colonnes de chute et indiquez le parcours de tous les tuyaux d'évacuation horizontaux courant sous le plancher de l'étage. Du fait que le plafond du rez-de-chaussée et le plancher de l'étage sont probablement finis, il vous faudra peut-être deviner le parcours des tuyaux d'évacuation. Ceux-ci se déchargent généralement dans la colonne de chute la plus proche.

7 Finalement, indiquez du mieux possible la position des tuyaux d'évent. Allez dans le grenier voir où ces tuyaux sortent du plafond de l'étage. Indiquez sur le plan si ces tuyaux d'évent sont raccordés à un évent de colonne ou s'ils traversent le toit.

Le code de plomberie

Le code de plomberie, c'est l'ensemble des règlements dont les inspecteurs en bâtiment se servent pour évaluer les plans de vos projets et la qualité de votre travail. Les codes varient d'une province à l'autre, mais la plupart sont basés sur le *Code national de la plomberie*, publié par la Commission canadienne des codes du bâtiment et de prévention des incendies.

Ce code doit être adopté par une autorité compétente pour avoir force de loi. Il est soit adopté sans modifications comme règlement de construction d'une province, d'un territoire ou d'une municipalité, soit modifié pour être adapté aux besoins locaux.

Vous pouvez vous procurer le code dans une librairie. Cependant, il s'agit d'un ouvrage très technique, de lecture ardue. Il existe également des « guides », destinés aux bricoleurs, plus faciles à comprendre et contenant souvent de nombreuses photos.

Rappelez-vous que le code de votre province a toujours priorité sur le code national. Dans certains cas, les exigences du code provincial sont plus sévères. L'inspecteur en bâtiment de votre localité pourra vous renseigner sur la réglementation s'appliquant à votre projet.

En ce qui concerne l'évaluation de votre travail, l'**inspecteur en plomberie** constitue l'autorité finale. En procédant à une inspection visuelle de votre nouvelle plomberie et en en faisant l'essai, l'inspecteur s'assure que votre travail répond aux normes de sécurité et qu'il est fonctionnel.

3 Bouchez les autres raccordements d'appareils à l'aide de couvercles d'essai et de colle à solvant. Après l'essai, vous pourrez enlever ces couvercles à coups de marteau.

4 Dans un raccord pour regard de nettoyage, insérez un ballon spécial (*weenie*) muni d'un manomètre et d'une valve de gonflage. Attachez une pompe à air à la valve et mettez les tuyaux à une pression de 5 lb/po². Au bout de 15 minutes, regardez le manomètre pour vous assurer que la tuyauterie n'a pas perdu de pression.

5 S'il y a eu perte de pression, vérifiez l'étanchéité de chaque raccordement en l'enduisant d'eau savonneuse. Si des bulles se forment, c'est que le joint fuit. Enlevez le raccord en le découpant et installez-en un nouveau (bouts de tuyau, manchons, colle à solvant).

6 Après l'inspection réglementaire de la tuyauterie d'évacuation, retirez les ballons et refermez l'ouverture des raccords en T ayant servi à l'essai avec des couvercles et de la colle à solvant.

Outils et matériel de plomberie

Outils de plomberie

Beaucoup de travaux de plomberie peuvent être exécutés avec des outils manuels de base que vous possédez peut-être déjà. L'achat de quelques outils supplémentaires vous permettra de réaliser les projets proposés dans le présent ouvrage. Vous pouvez louer les outils spécialisés, tels le coupe-tuyau à chaîne ou le diable à électroménager. Après usage,

nettoyez les outils en les essuyant avec un chiffon doux. Prévenez la corrosion des outils métalliques en les essuyant avec un chiffon imprégné d'huile légère. Si un outil métallique est mouillé, séchez-le immédiatement et essuyez-le avec un chiffon huileux. Rangez tous vos outils de manière sécuritaire.

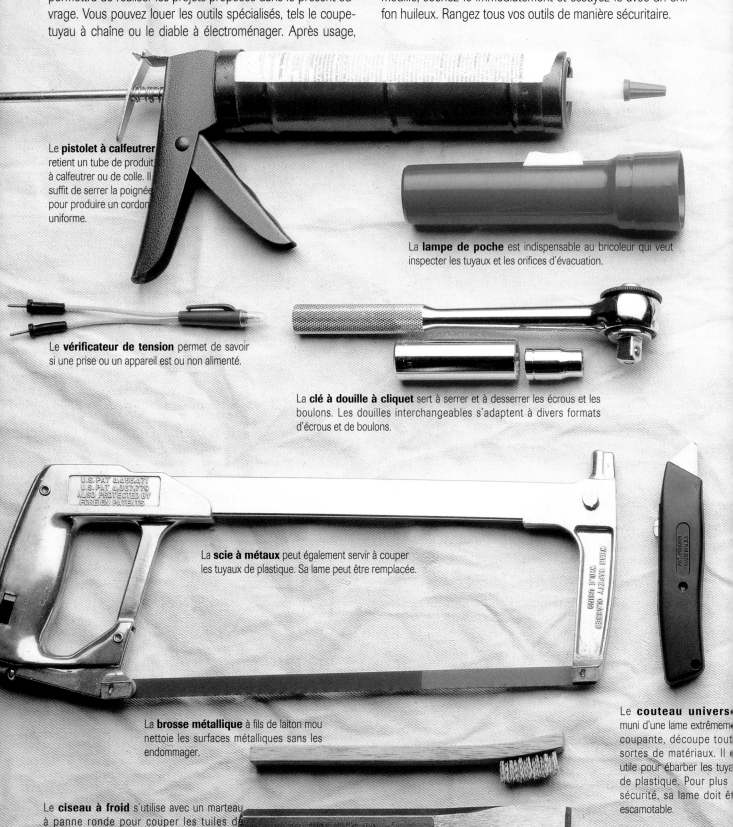

Le **pistolet à calfeutrer** retient un tube de produit à calfeutrer ou de colle. Il suffit de serrer la poignée pour produire un cordon uniforme.

La **lampe de poche** est indispensable au bricoleur qui veut inspecter les tuyaux et les orifices d'évacuation.

Le **vérificateur de tension** permet de savoir si une prise ou un appareil est ou non alimenté.

La **clé à douille à cliquet** sert à serrer et à desserrer les écrous et les boulons. Les douilles interchangeables s'adaptent à divers formats d'écrous et de boulons.

La **scie à métaux** peut également servir à couper les tuyaux de plastique. Sa lame peut être remplacée.

La **brosse métallique** à fils de laiton mou nettoie les surfaces métalliques sans les endommager.

Le **couteau univers**, muni d'une lame extrêmem... coupante, découpe tout... sortes de matériaux. Il e... utile pour ébarber les tuya... de plastique. Pour plus... sécurité, sa lame doit ê... escamotable.

Le **ciseau à froid** s'utilise avec un marteau à panne ronde pour couper les tuiles de... céramique, le mortier ou les métaux trempés.

Coude d'évent

Raccord en T d'évent (installé sur la colonne à au moins 6 po de hauteur par rapport à l'appareil sanitaire le plus élevé)

Tuyaux d'évent

Raccord en T d'évacuation

Siphon

Tuyaux d'évacuation

Raccord en T d'évent courbe à 90°

Coude de cuvette

Regard de nettoyage

Raccord en T-Y à long rayon

Raccord en Y à coude à 45°

Colonne de chute

Regard de nettoyage

Raccord en Y

Ce **modèle de réseau d'évacuation et d'évent** indique l'orientation à donner aux raccords d'évacuation et d'évent d'une tuyauterie. Les changements de direction dans les tuyaux d'évent peuvent être abrupts, mais ceux des tuyaux d'évacuation doivent se faire à l'aide de raccords courbes à long rayon. Les raccords unissant un tuyau d'évacuation vertical à un tuyau horizontal doivent présenter une courbure encore plus longue. Il se peut que votre code de plomberie exige l'installation d'un regard de nettoyage au point de rencontre des tuyaux d'évacuation verticaux et horizontaux.

Raccords du système d'évacuation et d'évent

Servez-vous des photos des pages 41-42 pour reconnaître les raccords du système d'évacuation et d'évent dont il est question dans les projets de plomberie proposés dans le présent ouvrage. Chacun des raccords illustrés est offert dans une gamme de formats adaptés à vos besoins. Utilisez toujours des raccords faits du même matériau que vos tuyaux d'évacuation et d'évent.

La forme des raccords varie selon le rôle que ceux-ci jouent dans le réseau de tuyauterie :

Évent : En règle générale, les raccords des tuyaux d'évent sont à rayon court, sans courbure. Il s'agit du raccord en T d'évent et du coude à 90° d'évent. On peut utiliser les raccords standard de tuyau d'évacuation pour raccorder les tuyaux d'évent.

Évacuation, de l'horizontale à la verticale : Pour raccorder un tuyau d'évacuation horizontal à un tuyau vertical, utilisez des raccords présentant une courbure. Les raccords standard utilisés à cette fin sont le raccord en T d'évacuation et le raccord à 90° d'évacuation. On peut également se servir d'un raccord en Y ou d'un coude à 45° ou à 22,5°.

Évacuation, de la verticale à l'horizontale : Pour raccorder un tuyau d'évacuation vertical à un tuyau horizontal, utilisez des raccords présentant une courbure graduelle très prononcée. Les raccords couramment utilisés à cette fin sont le raccord en Y à coude à 45° ainsi que le coude à 90° à long rayon.

Changement de direction d'un tuyau horizontal : Pour changer la direction d'un tuyau horizontal, on se sert d'un raccord en Y, d'un coude à 45° ou à 22,5° ou encore d'un coude à 90° à long rayon. Dans la mesure du possible, le changement de direction d'un tuyau d'évacuation horizontal doit se faire graduellement et suivre une courbe plutôt que de se faire à angle droit.

Raccords en T

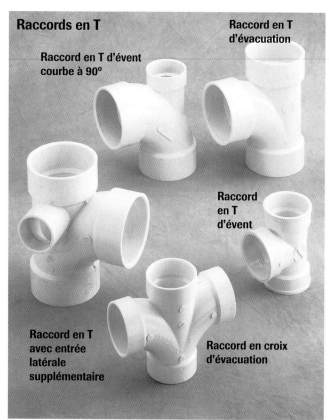

Raccord en T d'évent courbe à 90º

Raccord en T d'évacuation

Raccord en T d'évent

Raccord en T avec entrée latérale supplémentaire

Raccord en croix d'évacuation

Coudes

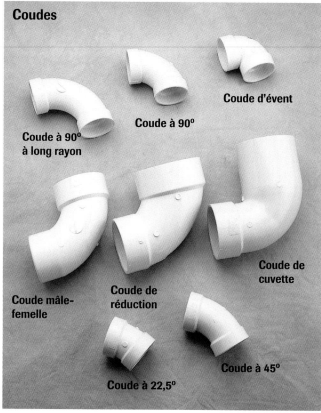

Coude d'évent

Coude à 90º

Coude à 90º à long rayon

Coude de cuvette

Coude mâle-femelle

Coude de réduction

Coude à 45º

Coude à 22,5º

Raccords en Y

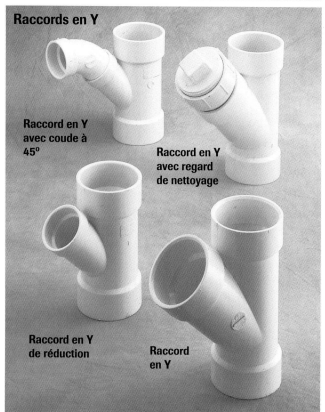

Raccord en Y avec coude à 45º

Raccord en Y avec regard de nettoyage

Raccord en Y de réduction

Raccord en Y

Raccords spécialisés

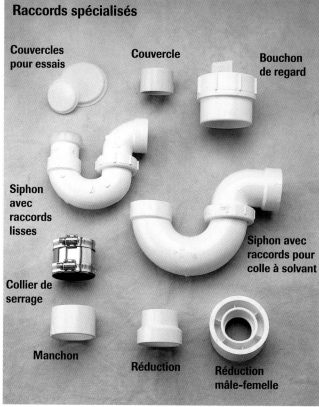

Couvercles pour essais

Couvercle

Bouchon de regard

Siphon avec raccords lisses

Siphon avec raccords pour colle à solvant

Collier de serrage

Manchon

Réduction

Réduction mâle-femelle

Les **raccords** des tuyaux d'évacuation et d'évent se présentent sous de nombreuses formes ; le diamètre de leur ouverture varie de 1¼ po à 4 po. Durant la planification du projet, achetez plus de raccords que vous n'en avez besoin, mais chez un détaillant qui acceptera de les reprendre. Il est beaucoup plus sensé de rendre au détaillant les matériaux non utilisés une fois le projet réalisé que d'interrompre les travaux pour aller chercher au magasin un raccord manquant.

Utilisation des raccords de transition

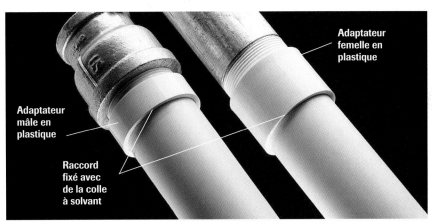

Raccordez un tuyau de plastique à un tuyau de fonte au moyen d'un collier de serrage (pages 68-71). Des manchons de caoutchouc recouvrent l'extrémité des tuyaux pour assurer l'étanchéité du raccordement.

Raccordez un tuyau de plastique à un tuyau métallique fileté en vous servant d'un adaptateur mâle ou femelle fileté. L'adaptateur se fixe au tuyau de plastique au moyen de colle à solvant. Enroulez du ruban d'étanchéité autour des filets du tuyau métallique pour visser ensuite ce dernier dans l'adaptateur.

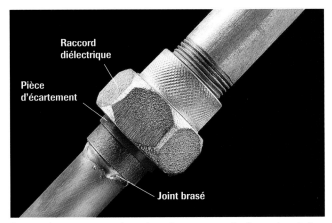

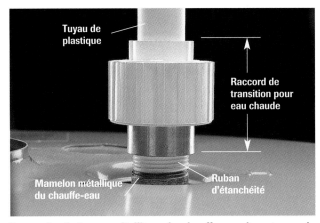

Raccordez un tuyau de cuivre à un tuyau de fer galvanisé au moyen d'un raccord diélectrique. Vissez le raccord au tuyau de fer, puis brasez-le sur le tuyau de cuivre. Le raccord diélectrique comporte une pièce d'écartement en plastique qui prévient la corrosion susceptible de résulter de la réaction électrochimique se produisant entre deux métaux différents.

Raccordez le tuyau métallique du chauffe-eau à un tuyau de plastique au moyen d'un raccord de transition pour eau chaude qui prévient les fuites causées par la différence entre les coefficients de dilatation des divers matériaux. Un ruban d'étanchéité est enroulé autour des filets du tuyau métallique. Le tuyau de plastique est fixé au raccord à l'aide de colle à solvant.

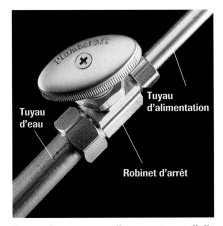

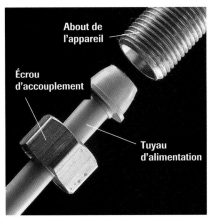

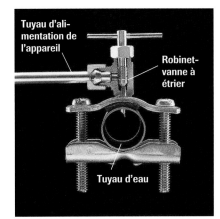

Raccordez un tuyau d'eau au tuyau d'alimentation de tout appareil à l'aide d'un robinet d'arrêt (pages 196-197).

Raccordez le tuyau d'alimentation à l'about d'un appareil au moyen d'un écrou d'accouplement. Celui-ci fait appuyer l'extrémité en cloche du tuyau sur l'about de l'appareil.

Raccordez le tuyau d'alimentation d'un appareil à un tuyau d'eau en cuivre au moyen d'un robinet-vanne à étrier (page 210). On utilise souvent ce dernier (vu en coupe) pour raccorder la machine à glaçons d'un réfrigérateur.

Le tuyau de cuivre

Le cuivre est le matériau idéal pour les tuyaux d'alimentation en eau. Il résiste à la corrosion, et sa surface lisse favorise la circulation de l'eau. Les tuyaux de cuivre sont offerts en plusieurs diamètres (page 39), mais la plupart des circuits d'alimentation en eau sont faits de tuyaux de ½ po ou de ¾ po. Ils peuvent être souples ou rigides.

Tous les codes autorisent l'utilisation du tuyau de cuivre rigide pour les circuits domestiques d'alimentation en eau. Il en existe trois types — M, L et K —, déterminés par l'épaisseur de la paroi. Le type M est le plus mince et le moins coûteux, ce qui le rend avantageux pour vos travaux de plomberie.

Les codes imposent généralement l'utilisation du tuyau rigide de type L dans les plomberies commerciales. Du fait qu'il est solide et facile à braser, certains plombiers — ainsi que vous-même — pourraient le préférer aux autres. Le type K, dont la paroi est la plus épaisse, est utilisé le plus souvent pour les conduites d'eau souterraines.

Le tuyau de cuivre souple est offert en deux types : L et K. Tous deux sont approuvés pour les circuits domestiques d'alimentation en eau, bien que le tuyau de cuivre souple de type L serve surtout aux canalisations de gaz. Du fait qu'il est souple et qu'il résiste aux gels légers, le type L peut être installé dans les parties du circuit d'alimentation en eau qui ne sont pas chauffées, tels les vides sanitaires. Le type K est utilisé pour les conduites d'eau souterraines.

Un troisième type de cuivre, appelé DWV, est utilisé pour les systèmes d'égout. Mais on s'en sert rarement, puisque la plupart des codes autorisent désormais pour ces systèmes l'utilisation des tuyaux de plastique, peu coûteux.

Le raccordement des tuyaux de cuivre se fait généralement au moyen de raccords brasés, de raccords à compression ou de raccords à collet évasé (voir le tableau ci-dessous). Respectez toujours les exigences du code de plomberie qui s'appliquent aux divers types de tuyaux et de raccords.

Le **raccord brasé** sert souvent à joindre deux tuyaux de cuivre. Un raccord bien brasé (pages 46-50) est solide et durable. On peut aussi joindre ces tuyaux à l'aide de raccords à compression (pages 52-53) ou de raccords à collet évasé (pages 54-55). Consultez le tableau ci-dessous.

Tuyaux et raccords de cuivre

Raccordement	Cuivre rigide			Cuivre souple		Commentaires
	Type M	Type L	Type K	Type L	Type K	
Raccord brasé	oui	oui	oui	oui	oui	Méthode de raccordement peu coûteuse, solide et fiable. Requiert une certaine habileté.
Raccord à compression	oui	**non recommandé**		oui	oui	Facile à utiliser. Permet une réparation ou un remplacement facile des tuyaux et raccords. Plus coûteux que le raccord brasé. Convient surtout au cuivre souple.
Raccord à collet	non	non	non	oui	oui	En réserver l'utilisation pour le tuyau de cuivre souple. Utilisé généralement dans les canalisations de gaz. Requiert une certaine habileté.

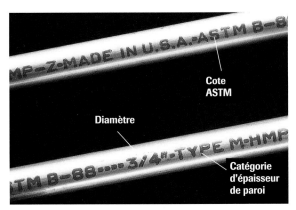

Sur le tuyau sont indiqués le diamètre, la catégorie d'épaisseur de la paroi et l'homologation de l'ASTM (American Society for Testing and Materials). Le tuyau de type M porte des lettres rouges, celui de type L des lettres bleues.

Pour éviter que le tuyau plie, courbez-le à l'aide d'un ressort à cintrer. Choisissez un ressort à cintrer qui convient au diamètre extérieur du tuyau. En faisant tourner le ressort, glissez-le sur le tuyau. Courbez lentement le tuyau jusqu'à ce qu'il décrive l'angle voulu (jamais plus de 90°).

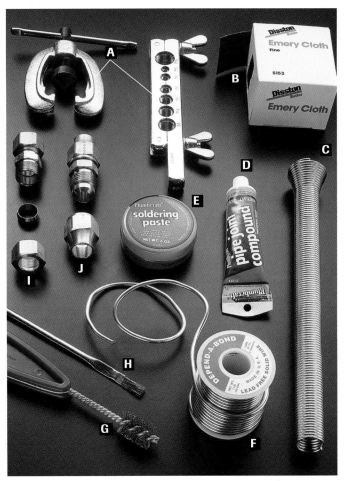

Matériel et outils spécialisés pour le cuivre : appareils à collet (A), tissu d'émeri (B), ressort à cintrer (C), pâte à joints (D), pâte à braser autonettoyante (décapant) (E), brasure sans plomb (F), brosse métallique (G), brosse à décapant (H), raccord à compression (I), raccord à collet (J).

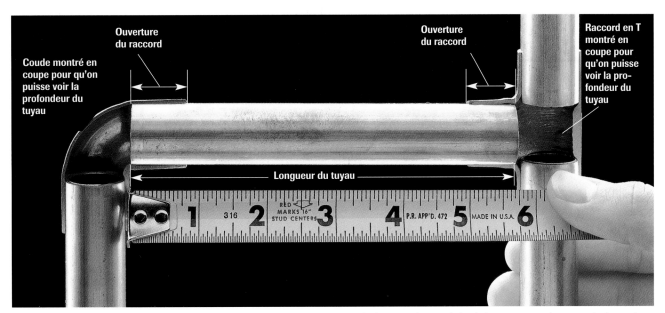

Pour déterminer la longueur du tuyau dont vous aurez besoin, mesurez la distance séparant le fond des ouvertures des raccords (montrés en coupe). Marquez le tuyau au crayon feutre.

Avant de braser des tuyaux installés, **protégez le bois** contre la chaleur du chalumeau. Utilisez deux tôles métalliques (18 po X 18 po) de calibre 26. Une fois que vous les aurez achetées, servez-vous de ces tôles dans tous vos travaux de brasage.

Coupe et brasage d'un tuyau de cuivre

Le meilleur outil pour couper un tuyau de cuivre souple ou rigide reste le coupe-tuyau. Il exécute la coupe uniforme et droite essentielle à la création d'un raccordement étanche. Ébavurez le bord du tuyau à l'aide d'un alésoir ou d'une lime ronde.

Vous pouvez aussi utiliser une scie à métaux pour couper un tuyau de cuivre ; celle-ci est particulièrement pratique dans les endroits trop réduits pour que vous puissiez vous servir d'un coupe-tuyau. Efforcez-vous de faire une coupe uniforme et droite.

Pour braser un raccordement de tuyau, il suffit de chauffer au chalumeau au propane le raccord de laiton ou de cuivre jusqu'à ce qu'il soit assez chaud pour faire fondre la brasure. La brasure est aspirée par la chaleur dans l'espace situé entre le tuyau et le raccord, où elle crée un joint étanche. Un raccord surchauffé ou mal chauffé n'aspirera pas la brasure. Pour que le joint soit étanche, il faut que tuyaux et raccords soient propres et secs.

Tout ce dont vous avez besoin

Outils : coupe-tuyau à embout aléseur (ou scie à métaux et lime ronde), brosse métallique, brosse à décapant, chalumeau au propane, allumoir de soudeur (ou allumettes), clé à molette, pince multiprise.

Matériel : Tuyau de cuivre, raccords de cuivre, tissu d'émeri, pâte à braser (décapant), tôle, brasure sans plomb, chiffon.

Conseils de brasage

Soyez prudent durant le brasage du cuivre. Les tuyaux et raccords deviennent brûlants ; laissez-les refroidir avant d'y toucher.

Gardez le joint sec lorsque vous brasez un tuyau installé en bouchant celui-ci avec du pain. Le pain absorbera l'humidité qui risquerait de compromettre le brasage et de provoquer des piqûres. Il se désintégrera lorsque vous réalimenterez la tuyauterie.

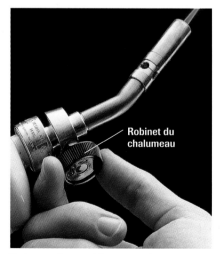

Robinet du chalumeau

Prévenez les accidents en refermant le chalumeau dès que vous avez fini de vous en servir. Assurez-vous que le robinet est complètement fermé.

Coupe des tuyaux de cuivre souple et rigide

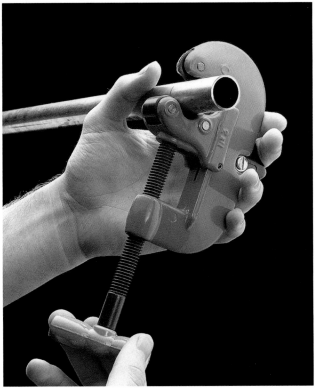

1 Placez sur le tuyau le coupe-tuyau et serrez-en la vis de manière que les deux rouleaux s'appuient sur le tuyau et que le couteau circulaire se trouve sur la ligne tracée.

Couteau

Rouleau

2 Faites tourner le coupe-tuyau d'un tour pour tracer une ligne droite continue autour du tuyau.

3 Faites tourner le coupe-tuyau dans le sens inverse. Tous les deux tours, resserrez un peu la vis, jusqu'à ce que la coupe soit exécutée.

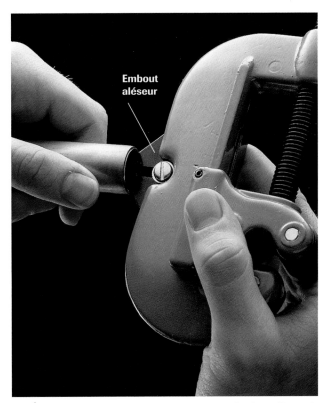

Embout aléseur

4 Ébavurez le bord intérieur du tuyau coupé avec l'embout aléseur du coupe-tuyau ou avec une lime ronde.

Brasage des tuyaux et raccords de cuivre

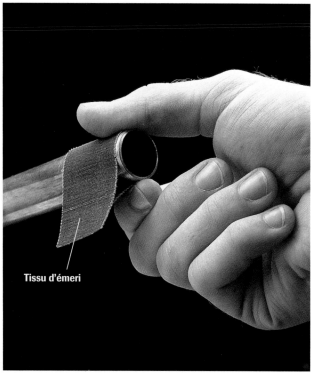

Tissu d'émeri

1 Nettoyez l'extrémité du tuyau en le frottant avec le tissu d'émeri. Pour former un joint étanche avec la brasure, le tuyau doit être exempt de saleté et de graisse.

2 Nettoyez l'intérieur du raccord à l'aide d'une brosse métallique ou d'un tissu d'émeri.

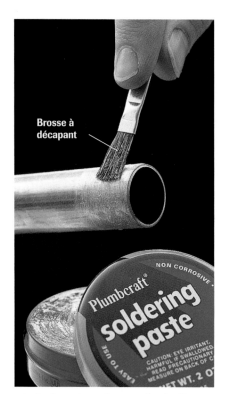

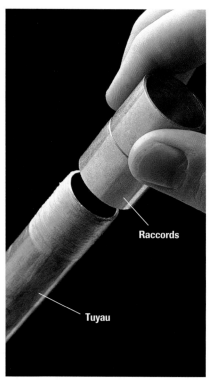

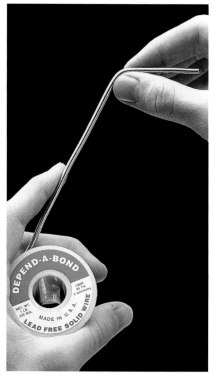

Brosse à décapant

Raccords

Tuyau

Plumbcraft® Soldering paste NON CORROSIVE • CAUTION: EYE IRRITANT. HARMFUL IF SWALLOWED READ PRECAUTIONARY MEASURE ON BACK OF C EASY TO USE NET. WT. 2 OZ

DEPEND-A-BOND NET. WT. 1 LB. .125 DIA. MADE IN U.S.A. LEAD FREE SOLID WIRE

3 Appliquez une mince couche de décapant sur l'extrémité de chaque tuyau, sur environ 1 po.

4 Assemblez chaque joint en insérant le tuyau dans le raccord, jusqu'au fond de celui-ci. Faites tourner le raccord pour étendre uniformément le décapant.

5 Déroulez de 8 po à 10 po de brasure. Repliez à un angle de 90° les deux premiers pouces.

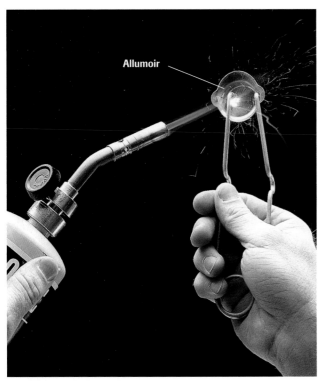

Allumoir

6 Ouvrez le robinet du chalumeau et allumez la flamme à l'aide d'un allumoir ou d'une allumette.

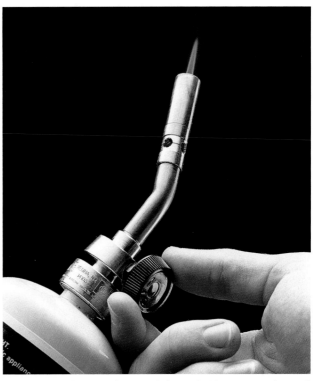

7 Réglez le robinet jusqu'à ce que la flamme intérieure mesure de 1 po à 2 po de longueur.

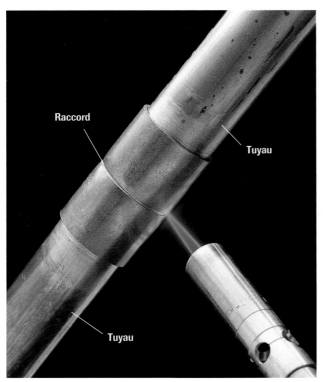

Raccord

Tuyau

Tuyau

8 Chauffez le milieu du raccord avec la pointe de la flamme pendant 4 ou 5 secondes, jusqu'à ce que le décapant commence à grésiller.

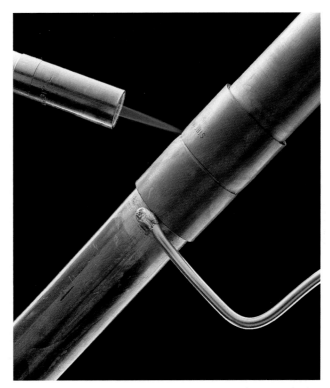

9 Chauffez l'autre côté du raccord pour distribuer uniformément la chaleur. Placez sur le tuyau le bout du fil à braser ; s'il fond, c'est que le tuyau est assez chaud pour être brasé.

(suite à la page suivante)

Brasage des tuyaux et raccords de cuivre (suite)

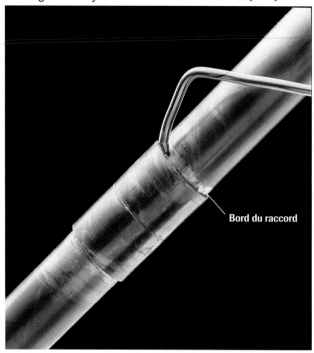

Bord du raccord

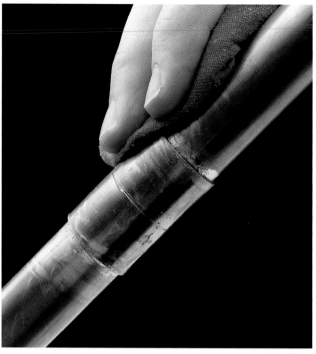

10 Lorsque le tuyau est assez chaud pour faire fondre le fil, retirez le chalumeau ; poussez rapidement de ½ po à ¾ po de brasure dans chaque joint, en laissant l'action capillaire entraîner dans le joint la brasure fondue. Un joint bien brasé présentera un mince cordon de brasure sur le bord du raccord.

11 Laissez le joint refroidir un peu avant d'essuyer l'excédent de brasure avec un chiffon sec. **Prudence ! Le tuyau sera chaud.** Si le joint fuit après la réalimentation en eau, démontez-le et reprenez le brasage.

Brasage d'un robinet de laiton

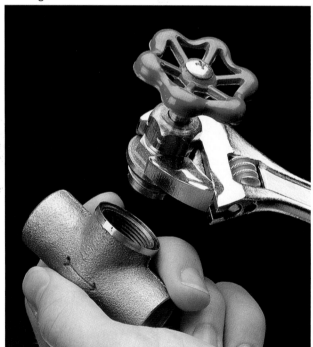

1 À l'aide d'une clé à molette, retirez la tige du robinet afin que la chaleur n'en endommage pas les pièces de caoutchouc ou de plastique. Préparez les tuyaux de cuivre (page 48) et assemblez le joint.

2 Allumez le chalumeau au propane (page 49) et chauffez uniformément le corps du robinet. Le laiton étant plus dense que le cuivre, il faut le chauffer plus longtemps avant que le joint n'aspire la brasure. Appliquez la brasure (pages 48-50), laissez le métal refroidir, et réassemblez le robinet.

Écrou

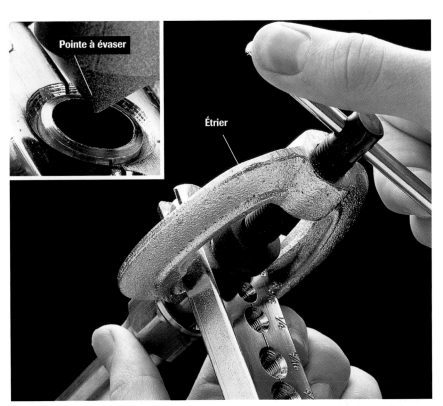

Pointe à évaser

Étrier

3 Saisissez le tuyau dans l'appareil. Le bout du tuyau doit être au niveau de la surface plate de l'appareil.

4 Glissez l'étrier de l'appareil autour de la base de celui-ci. Centrez la pointe à évaser sur le bout du tuyau (voir le détail). Faites tourner la poignée de l'étrier pour évaser le bout du tuyau. L'évasement est terminé lorsque la poignée ne peut plus tourner.

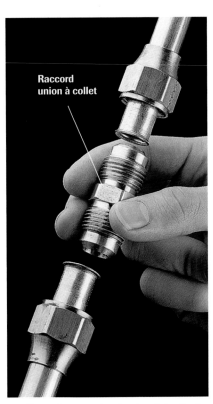

Raccord union à collet

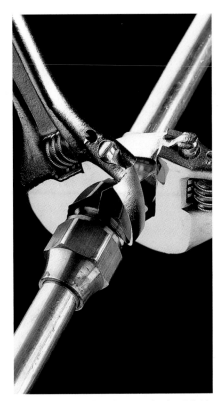

5 Retirez l'étrier. Sortez le tuyau de l'appareil. Répétez la procédure pour évaser le bout de l'autre tuyau.

6 Placez le raccord union à collet entre les bouts évasés des deux tuyaux et vissez les écrous au raccord union.

7 Saisissez le milieu du raccord union à l'aide d'une clé à molette. Servez-vous d'une autre clé pour serrer les écrous d'un tour complet. Réalimentez la tuyauterie et, en cas de fuite, resserrez les écrous.

Tuyaux et raccords de plastique

Les tuyaux et raccords de plastique sont populaires auprès des bricoleurs parce qu'ils sont légers, peu coûteux et faciles à utiliser. Ils sont autorisés dans la plomberie résidentielle par la plupart des codes.

Ces tuyaux sont offerts en plastique rigide et en plastique souple. Les plastiques rigides sont l'ABS (acrylonitrile-butadiène-styrène), le PVC (polychlorure de vinyle) et le PVCC (chlorure de polyvinyle chloré). Les plastiques souples les plus utilisés sont le PB (polybutylène) et le PE (polyéthylène).

L'ABS et le PVC sont utilisés pour le systèmes d'évacuation. Le PVC, plastique plus récent que l'ABS, résiste mieux que ce dernier aux produits chimiques et à la chaleur ; tous les codes en approuvent l'utilisation non souterraine. Cependant, certains codes imposent encore l'utilisation d'un tuyau en fonte pour les égouts principaux qui circulent sous des dalles de béton.

On se sert du PVCC pour les tuyauteries d'alimentation. Même si les codes limitent l'utilisation du PB dans les constructions finies (les raccords de PB fuient), on peut y recourir pour les tuyaux d'alimentation exposés des appareils sanitaires, d'un évier par exemple. Le PE sert à la plomberie extérieure.

Les tuyaux de plastique peuvent être joints à des tuyaux de fer ou de cuivre grâce à des raccords de transition (page 43), mais on ne doit pas joindre des types de plastique différents. Par exemple, si vos tuyaux d'évacuation sont en plastique ABS, n'utilisez que des tuyaux et raccords d'ABS pour les réparations et remplacements.

Une exposition prolongée aux rayons du soleil finit par affaiblir les tuyaux de plastique. Il ne faut donc pas les installer ni les entreposer dans un endroit exposé à la lumière directe du soleil.

Attention ! L'installation électrique est souvent mise à la terre par le biais de la tuyauterie métallique. Si vous ajoutez des tuyaux de plastique à votre plomberie métallique, assurez-vous que la mise à la terre demeure intacte. Utilisez des colliers de mise à la terre et un cavalier, que vous trouverez dans toutes les quincailleries, pour contourner le tuyau de plastique et compléter le circuit électrique. Les colliers doivent être solidement attachés au métal nu, des deux côtés du tuyau de plastique.

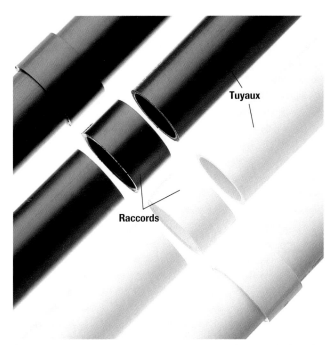

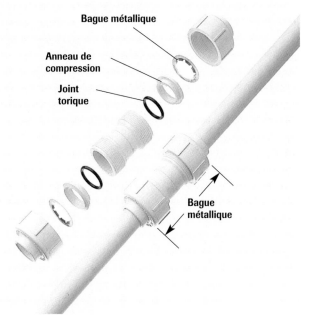

Sur les tuyaux de plastique rigide, on fixe les **raccords avec de la colle à solvant.** Celle-ci dissout une fine couche de plastique et soude ainsi le raccord au tuyau.

Le **raccord express** sert à joindre les tuyaux de PVCC. Le raccord comprend une bague métallique, un anneau de compression en plastique et un joint torique en caoutchouc.

Marques des tuyaux de plastique

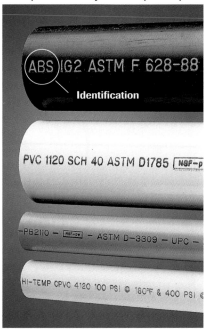

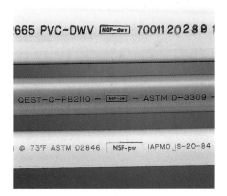

Identification du matériau : Utilisez le PVC ou l'ABS pour les siphons et tuyaux d'évacuation, et le PVCC pour les tuyaux d'alimentation. Le PB ne peut servir qu'aux tuyaux d'alimentation exposés des appareils sanitaires. Le PE est réservé à l'alimentation en eau froide à l'extérieur.

Cote NSF : Pour les siphons et tuyaux d'évacuation des éviers, choisissez un tuyau de PVC ou d'ABS sur lequel figure la cote DWV *(système d'égout) de la NSF (National Sanitation Foundation)*. Pour l'alimentation en eau, choisissez un tuyau de PVCC, de PB ou de PE sur lequel figure une cote PW (pression d'eau).

Diamètre du tuyau : Le diamètre intérieur des tuyaux de PVC ou d'ABS mesure généralement de 1 1/4 po à 4 po, tandis que celui des tuyaux d'alimentation en PVCC, PB et PE mesure de 1/2 po à 3/4 po.

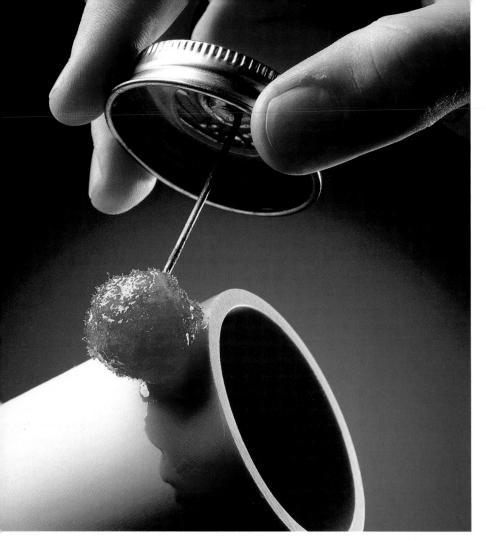

Coupe et raccordement des tuyaux de plastique

Coupez les tuyaux de plastique rigides (ABS, PVC ou PVCC) à l'aide d'un coupe-tuyau ou de n'importe quelle scie. Faites toujours une coupe bien droite pour assurer l'étanchéité des joints.

Joignez les tuyaux de plastique rigides avec des raccords de plastique et de la colle à solvant conçue spécialement pour le matériau à joindre. Par exemple, n'employez pas une colle à solvant pour ABS sur un tuyau de PVC. Certaines colles à solvant « universelles » peuvent être utilisées sur tous les plastiques.

La colle à solvant durcit en 30 secondes environ ; il vous faut donc vérifier le bon ajustement des tuyaux et raccords avant de coller le premier joint. Pour obtenir de meilleurs résultats, les surfaces de plastique doivent être amaties à l'aide d'un tissu d'émeri et d'une couche d'apprêt liquide avant la réalisation du joint.

Les colles à solvant et les apprêts liquides sont toxiques et inflammables. Travaillez dans un endroit bien ventilé et rangez ces produits à l'écart de toute source de chaleur.

Tout ce dont vous avez besoin

Outils : Mètre à ruban, crayon feutre, sécateur pour tuyau de plastique (ou scie à onglet ou scie à métaux), couteau universel, pince multiprise.

Matériel : Tuyaux et raccords de plastique, tissu d'émeri, apprêt pour tuyau de plastique, colle à solvant, chiffons, vaseline.

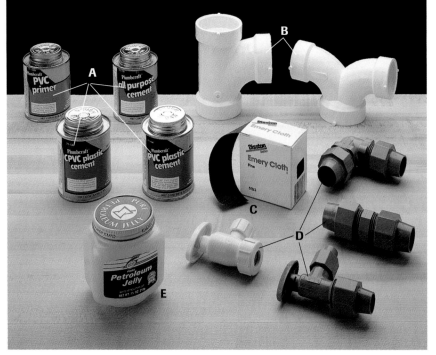

Matériel spécialement conçu pour le plastique : colles à solvant et apprêt (A), raccords à coller (B), tissu d'émeri (C), raccords express en plastique (D) et vaseline (E).

Mesure d'un tuyau de plastique

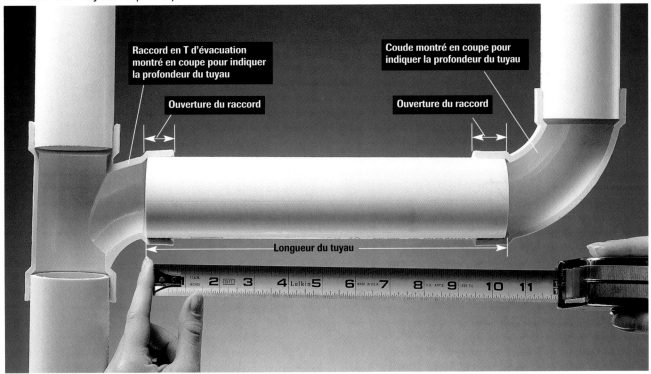

Raccord en T d'évacuation montré en coupe pour indiquer la profondeur du tuyau

Coude montré en coupe pour indiquer la profondeur du tuyau

Ouverture du raccord

Ouverture du raccord

Longueur du tuyau

Déterminez la longueur du tuyau dont vous avez besoin en mesurant la distance séparant les ouvertures des deux raccords en leur partie inférieure (montrés en coupe). Marquez le tuyau avec un crayon feutre.

Coupe d'un tuyau de plastique rigide

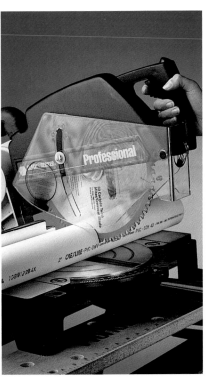

Coupe-tuyau : Serrez l'outil sur le tuyau, de manière que le couteau se trouve sur la ligne de crayon feutre. Faites tourner l'outil autour du tuyau, en resserrant la vis tous les deux tours, jusqu'à ce que le tuyau soit coupé.

Scie à onglet : Cette scie manuelle ou électrique vous permet d'exécuter des coupes parfaitement droites sur tous les types de plastique.

Scie à métaux : Fixez solidement le tuyau dans un étau ; gardez la lame de la scie bien droite pendant que vous tranchez le tuyau.

Utilisation de la colle à solvant sur un tuyau de plastique rigide

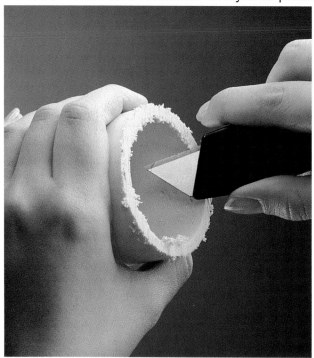

1 Ébarbez le tuyau à l'aide d'un couteau universel.

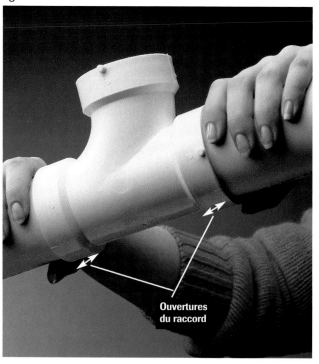

Ouvertures du raccord

2 Vérifiez le bon ajustement des tuyaux et du raccord. L'extrémité du tuyau devrait s'appuyer contre le fond de l'ouverture du raccord.

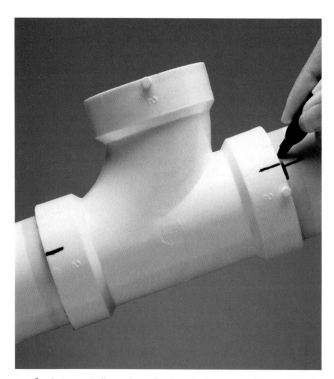

3 Sur le tuyau, indiquez la profondeur de l'ouverture du raccord, puis détachez les pièces. Nettoyez l'extrémité du tuyau et l'ouverture du raccord avec un tissu d'émeri.

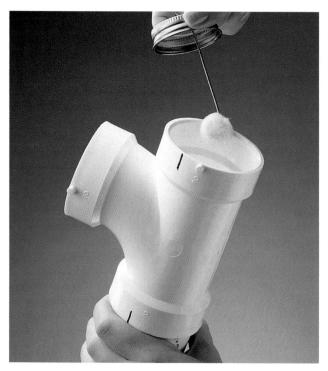

4 Appliquez une couche d'apprêt à plastique sur l'extrémité des tuyaux et sur la paroi intérieure des ouvertures du raccord. L'apprêt amatit la surface du plastique, ce qui améliore l'étanchéité du joint.

5 Appliquez une épaisse couche de colle à solvant sur l'extrémité du tuyau, et une fine couche sur la paroi intérieure de l'ouverture du raccord. Travaillez rapidement : la colle durcit en une trentaine de secondes.

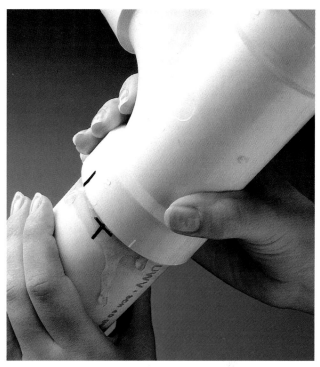

6 Insérez rapidement le tuyau dans le raccord, en décalant d'environ 2 po les repères d'alignement. Poussez sur le tuyau jusqu'à ce qu'il s'appuie contre le fond de l'ouverture du raccord.

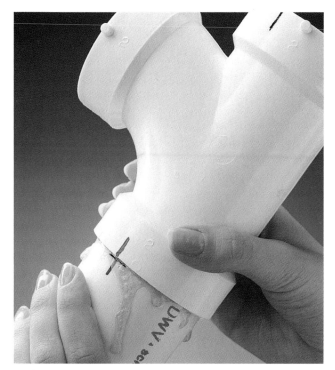

7 Faites tourner le tuyau pour étaler la colle, jusqu'à ce que les repères d'alignement coïncident. Tenez fermement l'assemblage pendant une vingtaine de secondes pour que les pièces ne se déplacent pas.

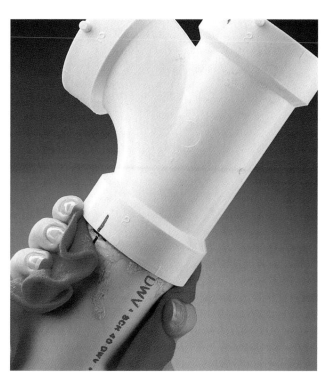

8 Essuyez l'excédent de colle avec un chiffon et laissez le joint sécher pendant une demi-heure sans y toucher.

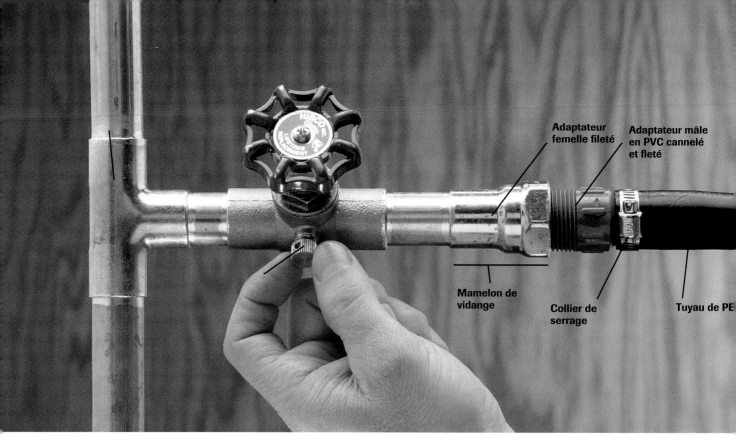

Adaptateur femelle fileté

Adaptateur mâle en PVC cannelé et fleté

Mamelon de vidange

Collier de serrage

Tuyau de PE

Raccordez le tuyau PE souple à une canalisation d'eau froide en intégrant un raccord en T dans le tuyau de cuivre et en fixant un robinet d'arrêt ainsi qu'un adaptateur fileté femelle. Vissez dans le raccord de cuivre un adaptateur cannelé et fileté mâle en PVC, puis branchez-y le tuyau PE. Le mamelon de vidange vous permet de chasser l'eau des conduites PE pendant l'hiver.

Les tuyaux de plastique souple

Le tuyau de plastique PE souple est uti-lisé pour les canalisations d'eau froide souterraines. Très peu coûteux, il sert notamment aux systèmes d'arrosage automatique des pelouses et à l'alimen-tation en eau froide des éviers de ser-vice installés dans les remises et garages indépendants.

Contrairement aux autres tuyaux de plastique, ceux de PE ne sont pas joints au moyen de colle à solvant, mais d'un raccord cannelé en PVC et de colliers de serrage en acier inoxydable. Dans les ré-gions froides, il faut couper l'alimentation des tuyaux extérieurs et les vidanger.

Joignez les tuyaux de PE à l'aide d'un raccord cannelé en PVC. Fixez solidement le raccord avec des colliers de serrage en acier inoxydable.

1 Tranchez le tuyau de PE à l'aide d'un sécateur à tuyau de plastique, d'une scie à onglet ou d'un couteau bien aiguisé. Ébavurez le bout du tuyau à l'aide d'un couteau universel.

2 Glissez des colliers de serrage en acier inoxydable sur les extrémités des tuyaux à relier.

3 Appliquez une couche de pâte à joints sur les cannelures du raccord en T. Faites entrer l'extrémité du tuyau sur la cannelure du raccord.

4 Glissez chacun des colliers sur la partie du tuyau recouvrant la cannelure du raccord. Serrez à la main les colliers à l'aide d'un tournevis ou d'une clé.

Le tuyau de fer galvanisé

On trouve souvent le tuyau de fer galvanisé dans les vieilles maisons, où il sert à l'alimentation en eau et aux petites conduites d'évacuation. On le reconnaît à son zinguage qui lui donne une couleur argentée, et à ses raccords filetés.

Avec le temps, les tuyaux et raccords de fer galvanisé finissent par rouiller et doivent être remplacés. Une faible pression d'eau est peut-être le signe que de la corrosion s'est accumulée dans les tuyaux. Les obstructions se produisent généralement dans les coudes. N'essayez pas de nettoyer l'intérieur des tuyaux de fer galvanisé ; enlevez-les dès que possible et remplacez-les.

On peut se procurer les tuyaux et raccords de fer galvanisé dans la plupart des quincailleries et des centres de rénovation. Lorsque vous en achetez, précisez-en le diamètre intérieur. Des bouts de tuyaux filetés, appelés **mamelons,** sont offerts en longueurs allant de 1 po à 1 pi. Si vous avez besoin d'un tuyau plus long, demandez au quincaillier de le couper à la longueur souhaitée et de le fileter.

Les vieux tuyaux de fer galvanisé sont parfois difficiles à réparer. Souvent, les raccords sont rouillés, et ce qui semblait n'être qu'un petit travail peut rapidement devenir une longue corvée. Lorsque vous voulez remplacer un raccord qui fuit, par exemple, vous constaterez peut-être, une fois le tuyau coupé, que les tuyaux adjacents doivent aussi être remplacés. Dans le cas de longues réparations, vous pouvez boucher les tuyaux ouverts et réalimenter le reste de la maison en eau. C'est pourquoi, avant d'entreprendre toute réparation, il est judicieux de disposer d'un bon stock de mamelons et de bouchons adaptés au diamètre de vos tuyaux.

Le démontage des tuyaux et raccords de fer galvanisé prend beaucoup de temps. Lorsque vous le faites, commencez à l'extrémité d'un parcours et détachez les pièces l'une après l'autre. Se rendre au milieu d'une tuyauterie pour remplacer un bout de tuyau peut devenir une tâche longue et ennuyeuse. Servez-vous plutôt d'un raccord à trois pièces, appelé **raccord union,** lequel permet d'enlever un bout de tuyau ou un raccord sans devoir démonter toute la tuyauterie.

NOTE : Il arrive que l'on confonde le fer galvanisé et le « fer noir », tous deux offerts dans des formats et avec des raccords semblables. Le fer noir est réservé aux canalisations de gaz.

Mesurez l'ancien tuyau ; ajoutez ½ po à chaque extrémité pour tenir compte des filets insérés dans le raccord. Basez-vous sur cette mesure pour acheter les pièces.

Tout ce dont vous avez besoin

Outils : Mètre à ruban, scie alternative avec lame à métaux ou scie à métaux, clés à tuyau, chalumeau au propane, brosse métallique.

Matériel : Mamelons, bouchons, raccord union, pâte à joints, raccords de rechange (au besoin).

Support à courroie

Fixation de
colonne montante

Avant de couper un parcours horizontal d'évacuation en fonte, veillez à ce qu'il soit soutenu par des supports à courroie tous les 5 pi et à tous les raccordements.

Avant de couper un parcours vertical en fonte, veillez à ce qu'il soit soutenu à tous les étages de la maison au moyen de fixations de colonne montante. Ne coupez jamais un tuyau non soutenu.

Réparation et remplacement d'un tronçon de tuyau de fonte

1 Tracez à la craie sur le tuyau les deux lignes de coupe. Si vous remplacez un raccord à emboîtement, tracez les lignes à au moins 6 po de chaque côté de la tulipe.

2 Soutenez la partie inférieure du tuyau à l'aide d'une fixation de colonne montante, appuyée sur la sablière ou sur le plancher.

3 Soutenez la partie supérieure du tuyau en installant une fixation de colonne montante à 6 po du tronçon de tuyau à remplacer. Fixez des cales aux poteaux muraux avec des vis à panneau mural de 2¹/₂ po. Placez ces cales de manière qu'elles soutiennent la fixation.

(suite à la page suivante)

Réparation et remplacement d'un tronçon de tuyau de fonte (suite)

4 Enroulez la chaîne du coupe-tuyau autour du tuyau, en alignant les couteaux circulaires sur la ligne de coupe supérieure.

5 En suivant les instructions du fabricant, serrez la chaîne puis faites céder le tuyau.

6 Répétez la procédure sur la ligne de coupe inférieure, puis retirez le tronçon de tuyau coupé.

7 Coupez un bout de tuyau de plastique PVC ou ABS qui sera d'environ $1/2$ po plus court que le tronçon de fonte enlevé.

Collier de serrage à vis

Raccord à colliers

Manchon de néoprène

8 Glissez un raccord à colliers et un manchon de néoprène sur les extrémités du tuyau de fonte.

9 Assurez-vous que le tuyau de fonte repose bien sur la bague séparatrice moulée à l'intérieur du manchon.

10 Repliez le bout de chaque manchon jusqu'à ce que la bague séparatrice moulée devienne visible.

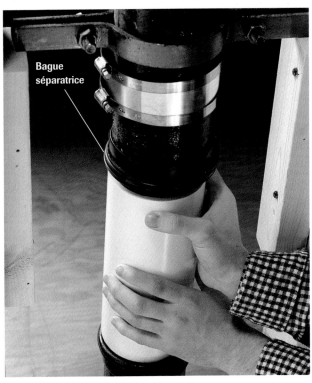

Bague séparatrice

11 Placez le tuyau de plastique de manière qu'il soit bien aligné avec les tuyaux de fonte.

12 Dépliez le bout des manchons pour que ceux-ci recouvrent les extrémités du tuyau de plastique.

13 Glissez les bandes d'acier et les colliers de serrage sur les manchons de néoprène.

14 Serrez les colliers à l'aide d'une clé à douille à cliquet ou d'un tournevis.

Nouvelle installation

Servez-vous de poteaux de 2 po X 6 po pour constuire la charpente des murs dans lesquels courront les tuyaux de la cuisine ou de la salle de bain. Si le mur est plus épais, vous disposerez de plus d'espace pour y loger les tuyaux d'évacuation et la colonne de chute et d'évent ; leur installation en sera facilitée.

Installation d'une nouvelle tuyauterie

Un grand projet de plomberie est une entreprise compliquée qui nécessite souvent des activités de démolition et peut requérir des aptitudes en menuiserie. Il se peut que la tuyauterie de la salle de bain ou de la cuisine soit hors service pendant plusieurs jours, le temps que vous acheviez votre travail ; par conséquent, assurez-vous de disposer d'une autre salle d'eau ou d'un espace pour cuisiner durant cette période.

Pour que votre projet se concrétise sans retards inutiles, achetez beaucoup de tuyaux et de raccords – au moins le quart de plus que ce dont vous prévoyez avoir besoin. Si vous devez interrompre constamment votre travail pour aller acheter tel ou tel raccord manquant, vous serez vite irrité, et la réalisation de votre projet risque d'être retardée de plusieurs heures. Achetez tout votre matériel chez un fournisseur de bonne réputation, qui accepte les retours.

Les projets de bricolage expliqués dans les pages suivantes font appel aux techniques de plomberie standard ; mais vous ne devez pas les appliquer à votre propre situation sans d'abord les adapter. Les diamètres de tuyaux et de raccords, la disposition des appareils sanitaires et la configuration des parcours de tuyau varient d'une maison à l'autre. Durant la planification de votre projet, lisez attentivement la section « Planification », et plus particulièrement l'information sur le code de plomberie (pages 24-29). Avant d'entreprendre les travaux, tracez le plan détaillé de votre plomberie pour vous guider dans votre travail et pour être en mesure de demander les permis pertinents. La présente section contient de l'information sur les sujets suivants :

- Tuyautage d'une salle de bain (pages 78-121)
- Tuyautage d'une cuisine (pages 122-141)
- Tuyautages divers (pages 142-151)

Conseils sur l'installation d'une nouvelle tuyauterie

Utilisez du ruban-cache pour marquer sur les murs et les planchers la position des appareils sanitaires et tuyaux. Lisez la notice d'installation accompagnant les nouveaux appareils, puis marquez en conséquence la position des tuyaux d'évacuation et d'alimentation. Placez l'appareil sur le sol et dessinez-en le pourtour avec du ruban-cache. Mesurez les distances et modifiez-les jusqu'à ce que la position de l'appareil vous convienne et qu'elle soit conforme aux exigences réglementaires de dégagement. Si vous travaillez dans une pièce déjà finie, prévenez les dommages à la peinture ou au papier peint du mur en remplaçant le ruban-cache par de petits papiers autocollants faciles à enlever.

Tenez compte de la position des armoires durant la première planification des abouts d'alimentation et d'évacuation. Vous pouvez même installer temporairement les armoires à leur place avant de terminer les parcours d'alimentation et d'évacuation.

Installez des robinets de commande aux points de jonction des nouveaux tuyaux d'alimentation secondaires et des tuyaux d'alimentation principaux. Vous pourrez ainsi continuer d'alimenter le reste de la maison pendant que vous travaillez sur les nouveaux tuyaux secondaires.

(suite à la page suivante)

Conseils sur l'installation d'une nouvelle tuyauterie (suite)

Élément de charpente	Diamètre maximal des trous	Profondeur maximale des entailles
2 x 4 po poteau porteur	1⁷⁄₁₆ po	⅞ po
2 x 4 po poteau non porteur	2½ po	1⁷⁄₁₆ po
2 x 6 po poteau porteur	2¼ po	1⅜ po
2 x 6 po poteau non porteur	3⁵⁄₁₆ po	2³⁄₁₆ po
2 x 6 po solive	1½ po	⅞ po
2 x 8 po solive	2⅜ po	1¼ po
2 x 10 po solive	3¹⁄₁₆ po	1½ po
2 x 12 po solive	3¾ po	1⅞ po

Ce tableau des éléments de charpente indique le diamètre maximal des trous et la profondeur maximale des entailles qui peuvent être faits dans les poteaux et solives durant l'installation des tuyaux. Si possible, préférez les entailles aux trous ; l'installation des tuyaux en sera facilitée. Si vous pratiquez un trou, laissez au moins ⅝ po de bois entre le bord du poteau et le trou, et au moins 2 po entre le bord de la solive et le trou. On ne doit pas faire d'entaille sur le tiers médian de la longueur d'une solive, mais seulement sur l'un des tiers terminaux. Lorsque deux tuyaux traversent un poteau, ils doivent être placés l'un au-dessus de l'autre et non pas côte à côte.

Prévoyez des panneaux de service de manière à avoir accès aux raccords et robinets d'arrêt cachés dans les murs. Pratiquez une ouverture entre deux poteaux, installez-y un cadre fait de moulures de bois. Fermez l'ouverture à l'aide d'un panneau de contreplaqué amovible, de la même épaisseur que le panneau mural, puis finissez-en la surface pour qu'il se fonde dans le reste du mur.

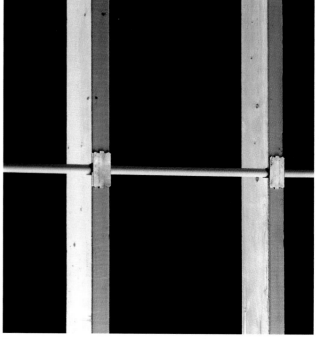

Protégez les tuyaux contre les perforations. Si le tuyau se trouve à moins de 1¼ po de la face avant du poteau ou de la solive, fixez une plaque de protection métallique sur l'élément de charpente.

Faites un essai d'installation avant de coller ou de souder les joints. Ainsi, vous saurez que vous disposez des raccords adéquats et d'une longueur de tuyau suffisante, et vous vous éviterez des retards.

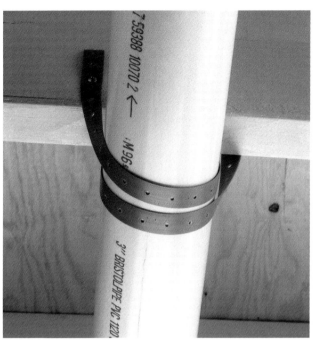

Soutenez les tuyaux adéquatement. Les tuyaux d'évacuation et d'alimentation horizontaux et verticaux doivent être soutenus aux intervalles minimaux précisés dans le code de plomberie (page 24). Il existe toute une gamme de supports de plastique et de métal.

Utilisez des manchons de plastique pour immobiliser les tuyaux dans les trous pratiqués dans les murs, poteaux ou solives. Ces manchons, qui servent de coussins aux tuyaux, peuvent en prévenir l'usure et réduisent le bruit dû au ballottement.

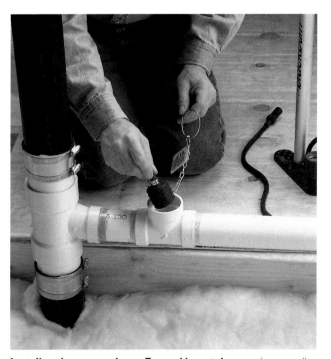

Installez des raccords en T supplémentaires sur les nouvelles canalisations d'évacuation et d'évent pour être en mesure d'effectuer l'essai de pression durant l'inspection de votre travail (page 30). Les nouveaux tuyaux secondaires d'évacuation et d'évent doivent être munis de ces raccords à proximité des points où ils atteignent la conduite de chute et d'évent.

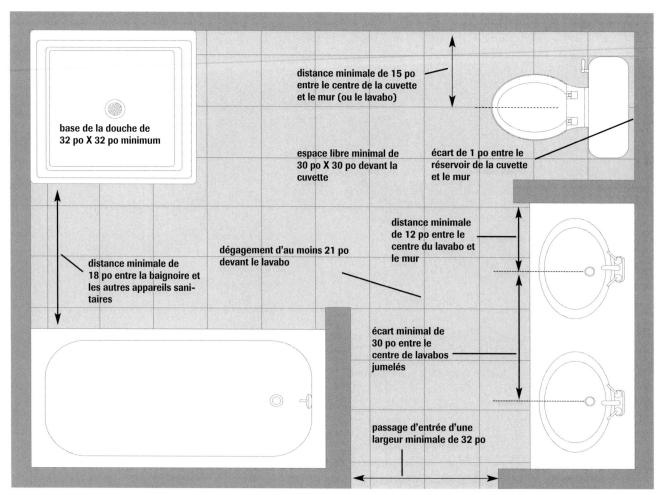

Observez les directives de dégagement pour déterminer la position de chacun des appareils sanitaires de la salle de bain. Le confort, la sécurité et le caractère pratique de la salle de bain dépendent de la facilité d'accès à ces appareils.

Tuyautage d'une salle de bain

La construction d'une nouvelle salle de bain ou la rénovation d'une ancienne agrémentera votre vie quotidienne. Le confort d'une salle de bain principale adaptée à vos besoins donnera une nouvelle dimension à vos heures de relaxation. L'ajout d'une salle de bain complète dans le sous-sol ou d'un cabinet de toilette avec lavabo à proximité de la cuisine sera d'une grande commodité pour les membres de votre famille et pour vos invités. Bien planifiée et bien construite, une salle de bain nouvelle ou rénovée augmentera aussi la valeur de revente de votre propriété.

La première étape de planification consiste à déterminer le type de salle de bain que vous désirez. Souhaitez-vous agrandir celle que vous avez en empiétant sur une chambre d'amis afin de créer la salle de bain dont vous avez toujours rêvé ? Avez-vous tout simplement besoin d'un petit cabinet de toilette avec lavabo ? Dans la présente section, trois projets illustreront la gamme complète des salles de bain, de la spacieuse salle de bain principale jusqu'au cabinet de toilette avec lavabo, en passant par la salle supplémentaire construite dans le sous-sol (page ci-contre).

En deuxième lieu, vous devrez décider du type d'appareils sanitaires que vous voulez. Rendez-vous dans une maisonnerie pour voir les appareils et en connaître le prix. Vous pouvez également visiter des maisons modèles ou aller à des expositions consacrées à la rénovation afin de savoir comment les spécialistes disposent et installent les appareils que vous voulez acheter.

Lorsque vous aurez décidé de l'ampleur de votre projet et du budget pour le réaliser, vous pourrez commencer à dresser le plan de votre salle de bain. Durant la planification, observez toujours les dégagements minimaux réglementaires (illustration ci-dessus) et réfléchissez au parcours des tuyaux d'évacuation et d'alimentation. Vous vous épargnerez de nombreuses heures de travail si vous disposez les appareils sanitaires de manière à ce que les parcours de tuyaux soient simples et droits, sans courbes compliquées. Veillez à ce que votre projet soit conforme aux exigences du code de plomberie de votre localité.

Une salle de bain principale peut présenter un certain luxe, par exemple une grande baignoire à remous ou une douche à jets multiples. Notre projet prévoit l'installation de ces deux appareils, de même que celle d'un lavabo sur pied et d'une toilette. La création d'une grande salle de bain peut exiger beaucoup de travaux de construction, surtout si vous la faites déborder dans une autre pièce (pages 80-87).

Une salle de douche de sous-sol est pratique si vous disposez déjà de chambres ou d'une salle de divertissement à cet endroit. Notre projet prévoit l'installation d'une douche, d'une toilette et d'un lavabo sur pied. Le tuyautage de cette salle vous obligera peut-être à briser le plancher de béton pour raccorder les tuyaux d'évacuation (pages 88-93).

Un cabinet de toilette avec lavabo s'ajoute facilement à une pièce ayant un mur mitoyen avec une cuisine ou une autre salle d'eau, dans lequel courent des tuyaux. Notre projet prévoit l'installation d'une toilette et d'un lavabo sur pied (pages 94-95).

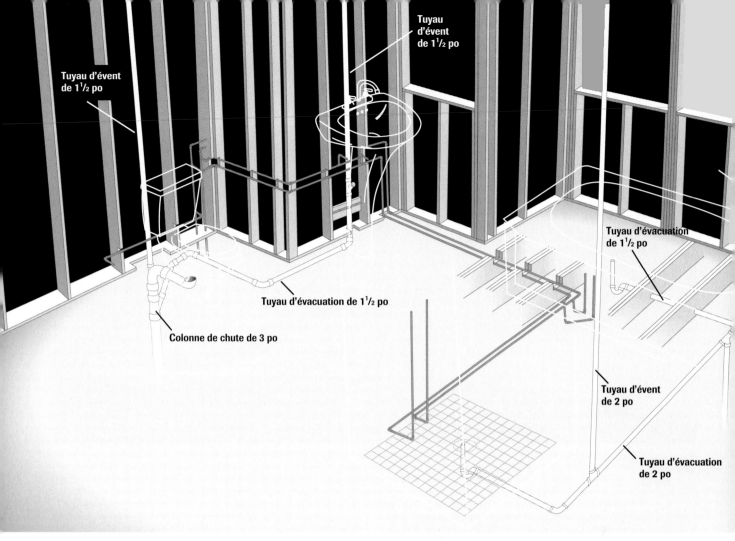

Tuyau d'évent de 1½ po

Tuyau d'évent de 1½ po

Tuyau d'évent de 1½ po

Tuyau d'évacuation de 1½ po

Tuyau d'évacuation de 1½ po

Colonne de chute de 3 po

Tuyau d'évent de 2 po

Tuyau d'évacuation de 2 po

Tuyautage d'une salle de bain principale

Une grande salle de bain comprend un plus grand nombre d'appareils et consomme plus d'eau que toute autre pièce de la maison. C'est pourquoi son tuyautage doit satisfaire à des exigences particulières.

Pour construire les murs qui renfermeront les tuyaux, servez-vous de poteaux de 2 po X 6 po. Vous pourrez ainsi facilement y faire loger des tuyaux et raccords de 3 po de diamètre. Si votre salle de bain comprend une lourde baignoire à remous, vous devrez renforcer le plancher en installant sous celle-ci des solives « sœurs » le long des solives actuelles.

Par souci de clarté, nous avons divisé le projet en quatre parties :

- Installation des tuyaux d'évacuation et d'évent de la toilette et du lavabo (pages 81-83)
- Installation des tuyaux d'évacuation et d'évent de la baignoire et de la douche (pages 84-85)
- Raccordement des tuyaux d'évacuation et d'évent à la colonne de chute et d'évent (page 86)
- Installation des tuyaux d'alimentation en eau (page 87)

Notre salle de bain modèle est une salle de bain principale située à l'étage. Nous installerons un premier tuyau d'évacuation vertical de 3 po de diamètre, pour la toilette et le lavabo, ainsi qu'un second de 2 po de diamètre, pour la baignoire et la douche. Le diamètre des tuyaux d'évacuation secondaires du lavabo et de la baignoire est de 1½ po ; celui du tuyau d'évacuation de la douche est de 2 po. À chaque appareil sanitaire correspond un tuyau d'évent qui se rend au grenier, où tous ces tuyaux sont reliés ensemble et raccordés à la colonne d'évent.

Installation des tuyaux d'évacuation et d'évent de la toilette et du lavabo

1 Avec du ruban-cache, indiquez sur le sous-plancher et les murs la position des appareils et des parcours de tuyau. Sur la sablière du mur situé derrière la toilette, marquez l'endroit où passera le tuyau d'évacuation vertical de 3 po de diamètre. Sur le sous-plancher, tracez un cercle de 4¹⁄₂ po de diamètre pour l'évacuation de la cuvette.

2 À l'aide d'une scie sauteuse, pratiquez l'ouverture destinée à la vidange de la cuvette. Autour de la future toilette, marquez et ensuite découpez du sous-plancher une partie d'une grandeur qui permettra d'installer les tuyaux d'évacuation de la cuvette et du lavabo. Servez-vous d'une scie circulaire et réglez-en la lame en fonction de l'épaisseur du sous-plancher.

3 Si l'installation du tuyau d'évacuation de la cuvette est gênée par une solive de plancher, découpez une courte section de celle-ci. Autour de l'ouverture, installez un chevêtre jumelé (deux solives clouées ensemble). L'ouverture doit être juste assez grande pour permettre l'installation des deux tuyaux d'évacuation.

4 Afin de créer un passage pour le tuyau d'évacuation vertical de 3 po de diamètre, enlevez une tranche de 4¹⁄₂ po X 12 po dans la sablière du mur situé derrière la toilette. Faites la même découpe dans la sablière double installée sous les solives de plancher. Dans le sous-sol, repérez le point situé directement sous cette découpe en prenant des mesures par rapport à un point de référence, par exemple la colonne de chute.

5 Sur le plafond du sous-sol, marquez l'endroit où passera le tuyau d'évacuation vertical et pratiquez-y un trou de 1 po de diamètre. Dirigez le faisceau d'une lampe de poche dans ce trou, retournez dans la salle de bain et regardez dans la cavité murale. Si vous voyez la lumière, retournez dans le sous-sol et pratiquez un trou de 4¹⁄₂ po de diamètre ayant pour centre le premier trou.

(suite à la page suivante)

Installation des tuyaux d'évacuation et d'évent de la toilette et du lavabo (suite)

Raccord
d'évent
courbe
à 90°

Raccord
en Y

7 Descendez le tuyau de manière qu'il glisse dans l'ouverture pratiquée dans le plafond du sous-sol. Retenez le tuyau à l'aide d'une bride de vinyle passée autour du raccord d'évent courbe et clouée à un élément de charpente.

6 Mesurez et découpez un tronçon de tuyau d'évacuation de 3 po de diamètre, qui, à partir de la cavité du sol de la salle de bain, se rendra à la hauteur de la face inférieure des solives de plafond au sous-sol. Avec de la colle à solvant, fixez au bout supérieur du tuyau un raccord en Y (3 po, 3 po, 1½ po) ; au-dessus de ce raccord, fixez un raccord d'évent courbe à 90°. L'ouverture libre du raccord en Y doit être orientée vers l'endroit où se trouvera le lavabo. L'ouverture antérieure du raccord d'évent courbe doit être orientée vers l'avant. Descendez avec soin le tuyau dans la cavité murale.

8 Utilisez un bout de tuyau de 3 po de diamètre et un coude de réduction (4 po, 3 po) pour prolonger le tuyau d'évacuation jusqu'à l'endroit où se trouvera la cuvette. Veillez à imprimer au tuyau une pente descendante vers le mur d'au moins ⅛ po par pied, puis soutenez-le avec un support à tuyau fixé à une solive. Insérez un petit bout de tuyau dans le coude de manière qu'il s'élève à au moins 2 po du sous-plancher. Après l'essai de pression des tuyaux d'évacuation, ce tuyau sera tranché au ras du sous-plancher et muni d'une bride de toilette.

Installation des tuyaux d'alimentation en eau

1 Après avoir coupé l'eau, découpez les tuyaux d'alimentation existants et installez-y les raccords en T des nouvelles dérivations. Faites des entailles dans les poteaux muraux et acheminez les tuyaux vers la toilette et le lavabo. Servez-vous d'un coude et d'un raccord femelle fileté pour fabriquer la sortie d'alimentation de la toilette. Lorsque vous êtes satisfait de l'installation, brasez les joints.

2 Faites des entailles de 1 po X 4 po dans les poteaux et prolongez les tuyaux d'alimentation jusqu'au lavabo. Installez des raccords en T de réduction et des raccords femelles filetés qui serviront de sorties d'alimentation pour les robinets du lavabo. Ces sorties doivent se trouver à 8 po l'une de l'autre et à 18 po du sol. Lorsque vous êtes satisfait de l'installation, brasez les joints ; insérez ensuite une planche de $^3/_4$ po derrière les sorties et fixez celles-ci à l'aide de brides.

3 Prolongez les tuyaux d'alimentation jusqu'à la baignoire et à la douche. Dans notre projet, nous avons enlevé le sous-plancher et pratiqué des entailles dans les solives pour faire courir les tuyaux de $^3/_4$ po du lavabo jusqu'à la baignoire à remous puis à la douche. Nous avons utilisé des raccords en T de réduction et des coudes pour fabriquer les tuyaux verticaux de $^1/_2$ po montant jusqu'aux robinets de la baignoire. Brasez les couvercles sur ces tuyaux. Une fois le sous-plancher remis en place, les couvercles seront enlevés et remplacés par des robinets d'arrêt.

4 Pour la douche, servez-vous de coudes pour fabriquer les tuyaux verticaux à l'endroit où se trouve le mur dans lequel sera cachée la tuyauterie. Ces tuyaux doivent s'élever à au moins 6 po du sol. Soutenez-les au moyen d'une planche de $^3/_4$ po d'épaisseur fixée entre les solives. Brasez les couvercles sur ces tuyaux. Une fois la cabine de douche construite, les couvercles seront enlevés et remplacés par des robinets d'arrêt.

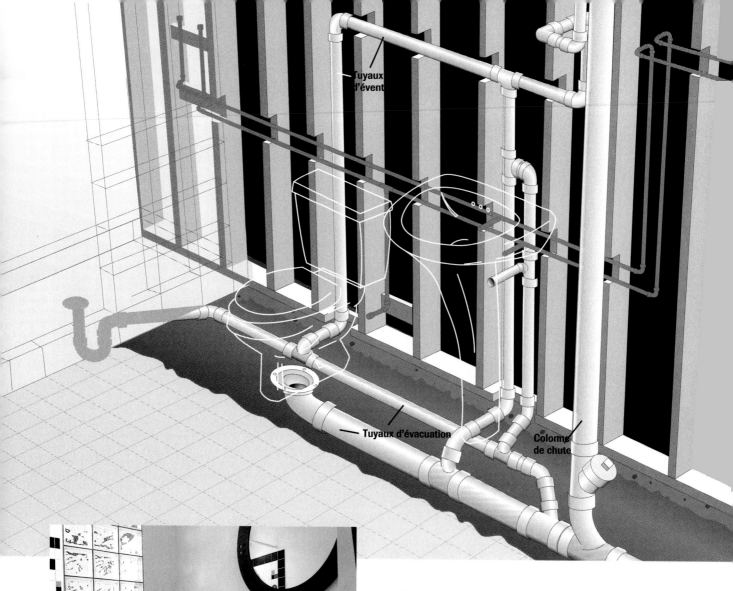

Tuyaux
d'évent

Tuyaux d'évacuation

Colonne
de chute

Tuyautage d'une salle de douche de sous-sol

Notre modèle de salle de douche comprend une douche, une toilette et un lavabo sur pied, disposés en ligne droite pour que soit simplifié le creusage de la tranchée dans le béton. Un tuyau d'évacuation de 2 po sera raccordé à la douche et au lavabo, et un de 3 po à la toilette. Ces tuyaux convergeront vers un raccord en Y installé sur la canalisation d'évacuation principale. La toilette et le lavabo seront munis de tuyaux d'évent individuels qui se rencontreront dans le mur avant de rejoindre le grenier, où ils seront raccordés à la colonne d'évent.

Dans la planification de votre projet, tenez compte des heures qu'il vous faudra pour briser le béton du sol afin d'y installer les tuyaux d'évacuation et pour construire le mur qui contiendra les tuyaux d'alimentation et d'évent. Construisez ce mur avec des poteaux et des sablières de 2 po sur 6 po afin de disposer d'un espace suffisant pour les tuyaux. Prévoyez aussi une visite de l'inspecteur en bâtiment avant de remplacer le béton et de recouvrir le mur de panneaux.

Dans la mesure du possible, réduisez vos frais en situant la nouvelle salle près des tuyaux d'évacuation et d'alimentation existants.

Tuyautage d'une salle de douche de sous-sol

1 Tracez sur le béton du sol la tranchée de 24 po de largeur dans laquelle courront les tuyaux d'évacuation qui seront raccordés à la canalisation d'évacuation principale. Dans notre projet, la tranchée, parallèle au mur, est séparée du mur extérieur par une bordure de 6 po sur laquelle sera construit le mur renfermant les tuyaux. Servez-vous d'un ciseau à maçonnerie et d'un maillet pour briser le béton autour de la colonne de chute.

2 À l'aide d'une scie circulaire munie d'une lame à maçonnerie, découpez le béton le long du tracé. Avec un marteau-piqueur, brisez le béton en morceaux. Enlevez le reste du béton à l'aide du ciseau et du maillet. Creusez la tranchée à une profondeur de 2 po sous la canalisation d'évacuation principale. Aux endroits où se trouveront les évents de la douche et de la toilette, faites des entailles de 3 po dans le béton, jusqu'au mur.

3 Construisez la charpente (éléments de 2 po X 6 po) du mur dans lequel courront les tuyaux. Faites des entailles de 3 po dans la sablière du sol ; fixez celle-ci au béton à l'aide de colle mastic et de clous à maçonnerie. Installez la sablière du plafond, puis fixez les poteaux.

4 Assemblez un tuyau d'évacuation horizontal de 2 po pour le lavabo et la douche, et un autre de 3 po pour la toilette. Celui de 2 po comprend un siphon pour la douche fixé avec de la colle à solvant, un raccord en T d'évent et un raccord en T d'évacuation pour le lavabo. Celui de 3 po est composé d'un coude de cuvette et d'un raccord en T d'évent. Servez-vous de coudes et de tronçons de tuyau pour prolonger les tuyaux d'évacuation et d'évent jusqu'au mur. Veillez à ce que les raccords d'évent forment un angle d'au moins 45° avec les tuyaux d'évacuation.

(suite à la page suivante)

5 Utilisez une courroie de vinyle retenue par deux pieux (médaillon) pour maintenir les tuyaux d'évacuation dans la bonne position. Ces tuyaux doivent être installés selon une pente descendante de ¼ po par pied vers la canalisation d'évacuation principale.

6 Assemblez les raccords requis pour relier les nouveaux tuyaux d'évacuation à la canalisation principale. Dans notre projet, nous allons enlever de la colonne de chute le raccord courbe à long rayon et le regard de nettoyage afin d'installer le raccord en Y qui recevra les deux nouveaux tuyaux d'évacuation.

7 Soutenez la colonne de chute avant de trancher la canalisation d'évacuation. Si la colonne est en plastique, servez-vous d'un poteau de 2 po X 4 po ; si elle est en fonte, utilisez une fixation de colonne montante (page 69). Avec une scie alternative (ou un coupe-tuyau à chaîne) tranchez la canalisation le plus près possible de la colonne.

8 Tranchez la colonne de chute au-dessus du regard de nettoyage, et enlevez le tuyau et les raccords. Portez des gants de caoutchouc et ayez à portée de la main un seau et des sacs de plastique, car l'intérieur des vieux tuyaux et raccords est souvent recouvert de boue.

Tuyautage d'un cabinet de toilette avec lavabo

1 Dans le mur où passent les tuyaux, cherchez la colonne de chute ; enlevez le panneau mural situé derrière l'emplacement prévu pour la toilette et le lavabo. Découpez dans le sol une ouverture de 4 1/2 po de diamètre destinée à la bride de toilette (pour la plupart de ces appareils sanitaires, le centre de l'ouverture se situe à 12 po du mur). Pratiquez deux trous de 3/4 po dans la sablière pour le passage des tuyaux d'alimentation du lavabo, et un seul pour le tuyau d'alimentation de la toilette. Pratiquez une ouverture de 2 po pour l'évacuation du lavabo.

2 Dans le sous-sol, découpez un tronçon de la colonne et installez sur celle-ci deux raccords en T d'évacuation. Le raccord supérieur doit comporter une entrée latérale de 3 po pour l'évacuation de la cuvette. Le raccord inférieur doit être muni d'une réduction mâle-femelle de 1 1/2 po pour l'évacuation du lavabo. Installez un coude de toilette et un tuyau d'évacuation de 3 po. Pour le lavabo, installez un tuyau d'évacuation de 1 1/2 po et un coude à long rayon.

3 Installez sur les canalisations de distribution d'eau des raccords en T de réduction de 3/4 po à 1/2 po, puis faites courir des tuyaux de cuivre de 1/2 po, par les trous de la sablière, jusqu'au lavabo et à la toilette. Soutenez les tuyaux d'alimentation à intervalles de 4 pi au moyen de supports fixés aux solives.

4 Fixez des coudes de montage sur les extrémités des tuyaux d'alimentation et, avec des brides, attachez ces tuyaux à la pièce de bois installée entre les poteaux. Attachez-y aussi le tuyau d'évacuation, puis, à partir du raccord en T d'évacuation, faites courir dans le mur un tuyau d'évent vertical jusqu'à un point situé à au moins 6 po de hauteur par rapport à l'appareil sanitaire le plus élevé qui est raccordé à la colonne. Ensuite, faites courir horizontalement le tuyau d'évent de manière à pouvoir le joindre à la colonne d'évent au moyen d'un raccord en T d'évent.

Dans la planification de votre salle de bain, commencez par choisir la douche, la baignoire ou la baignoire à remous. Ces appareils, offerts dans une gamme limitée de couleurs et de styles, donneront le ton de toute la pièce. Vous pourrez ensuite y assortir les lavabos, armoires, carreaux de céramique et accessoires, dont la gamme de couleurs et de styles est quasiment illimitée.

Installation d'une douche, d'une baignoire et d'une baignoire à remous

L'installation et le raccordement de la tuyauterie des baignoires et douches sont des tâches assez simples ; dans le cas de la baignoire à remous, le travail est un peu plus complexe en raison du raccordement électrique que celle-ci requiert.

Dans l'installation des douches et baignoires, le plus difficile, c'est de monter ces volumineux appareils dans les escaliers et de les faire passer dans les corridors étroits. Vous vous faciliterez la tâche en utilisant un diable à électroménager et en vous faisant aider. Mesurez les entrées de portes et les corridors avant d'acheter ces gros appareils.

Même si vous n'avez pas l'intention d'enlever et de remplacer les panneaux muraux, vous devriez en découper une bande d'au moins 6 po de hauteur au-dessus de la baignoire pour faciliter l'installation de celle-ci.

La présente section couvre les sujets suivants :

• Installation d'une douche (pages 98-103)
• Installation d'une baignoire (pages 104-108)
• Installation d'un entourage de baignoire (page 109)
• Installation d'une baignoire à remous (pages 110-115)

Conseils sur l'installation des douches et baignoires

Ouvertures à gauche

Ouvertures à droite

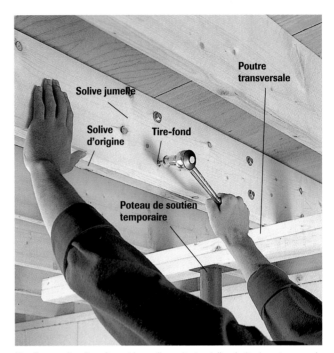

Solive jumelle

Poutre transversale

Solive d'origine

Tire-fond

Poteau de soutien temporaire

Choisissez la baignoire en fonction de la disposition de la tuyauterie. Les baignoires encastrées dans une niche (un seul bandeau est visible) sont offertes avec les ouvertures d'évacuation et de trop-plein pratiquées du côté gauche ou du côté droit. Pour savoir laquelle acheter, placez-vous devant la niche et vérifiez si le tuyau d'évacuation destiné à la baignoire se trouve à gauche ou à droite.

Renforcez le plancher si les solives situées à l'endroit où se trouvera la baignoire sont trop petites ou trop espacées. En règle générale, vous devriez jumeler ces solives si elles mesurent 2 po X 10 po ou moins, ou si elles se trouvent à plus de 16 po les unes des autres. En cas de doute à ce sujet, consultez un inspecteur en bâtiment ou un un entrepreneur en construction.

Ajoutez de l'isolant en fibre de verre autour de la baignoire pour réduire le bruit et conserver la chaleur. Avant de mettre la baignoire en place, enroulez autour de celle-ci une natte d'isolant nue que vous attacherez avec de la ficelle ou une corde. Dans le cas d'une douche ou d'une baignoire à remous montée sur une plate-forme, placez l'isolant entre les éléments de charpente.

Dans le sous-sol, découpez au ciseau le mortier qui entoure les tuyaux sortant du sol, afin de pouvoir installer les raccords d'évacuation qui se glissent sur ces tuyaux. Servez-vous d'un maillet et d'un ciseau à maçonnerie. Frappez dans la direction opposée au tuyau, jusqu'à ce que celui-ci soit exposé sur environ 1 po sous le niveau du sol. Portez des lunettes protectrices.

Installation d'une douche

Servez-vous de panneaux de douche préfabriqués et d'un bac de douche en plastique pour construire à peu de frais une cabine de douche facile à installer. Pour une apparence plus élégante et une meilleure durabilité, vous préférerez peut-être une cabine parée de carreaux de céramique.

Le code du bâtiment exige que, dans chaque maison, une baignoire soit installée dans au moins une des salles de bain ; mais dans les autres salles, vous pouvez remplacer la baignoire par une douche pour créer un espace de rangement ou pour installer un second lavabo.

En outre, la plupart des codes exigent que les douches et les baignoires-douches soient équipées d'un mitigeur thermostatique ou à pression contrôlée pour prévenir les brûlures et les chocs thermiques.

Tout ce dont vous avez besoin

Outils : crayon feutre, niveau, pince multiprise, scie à métaux, scie-cloche, perceuse, pistolet à calfeutrer.

Matériel : pièces de bois de 2 po sur 4 po et de 1 po sur 4 po, clous 10d, supports à tuyau, tuyaux et raccords de douche, mortier sec, savon liquide, vis à bois, vis à panneaux muraux, adhésif à panneaux, pièce de moquette, scellant pour baignoire et carrelage.

Les carreaux de céramique d'une douche sont installés de la même manière que le carrelage mural. Les accessoires de céramique sont fixés avec du mortier durant l'installation des carreaux.

Mitigeur thermostatique ou à pression contrôlée

Le mitigeur thermostatique ou à pression contrôlée est un dispositif de protection contre les changements soudains de température de l'eau. La plupart des codes en exigent l'installation dans les douches et dans les baignoires-douches. Une fois installé, ce mitigeur spécial ressemble à n'importe quel autre mitigeur.

Conseils pour l'installation d'une baignoire

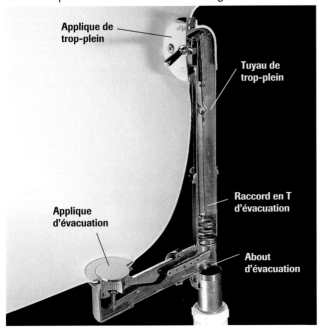

L'ensemble d'évacuation et de trop-plein, avec la tringlerie d'obturation, doit être acheté séparément et fixé à la baignoire avant l'installation de celle-ci (pages 106-107). Offerts en laiton ou en plastique, la plupart des ensembles comprennent une applique de trop-plein, un tuyau de trop-plein à hauteur réglable, un raccord en T d'évacuation et une applique d'évacuation qui se visse dans l'about.

Construisez une plate-forme pour la baignoire à encastrer ou la baignoire à remous (pages 112-113). Surtout utilisées pour les baignoires à remous, la plupart des plates-formes sont finies avec des panneaux de béton et du carrelage une fois la baignoire installée.

Installation d'une baignoire dans une enceinte

1 Attachez le corps du robinet et le tuyau de douche aux tuyaux d'alimentation en eau ; fixez ensuite le tout à des entretoises de 1 po X 4 po, avant d'installer la baignoire. Coupez le tuyau d'évacuation à la hauteur prescrite par le fabricant de l'ensemble d'évacuation et de trop-plein.

2 Protégez le fond de la baignoire (servez-vous de l'emballage de carton que vous aurez découpé). Glissez la baignoire dans l'enceinte pour voir si elle s'y adapte, en la laissant reposer sur le sous-plancher et en l'appuyant contre les poteaux des murs.

(suite à la page suivante)

Installation d'une baignoire dans une enceinte (suite)

3 À l'aide d'un niveau à bulle, vérifiez si la baignoire est de niveau ; si elle ne l'est pas, glissez des cales en dessous. Sur chacun des poteaux, faites un trait le long de la bride de clouage. Retirez la baignoire de l'enceinte.

Mesurez cette distance

4 Mesurez la distance séparant le dessus de la bride de clouage et le dessous du rebord de la baignoire (voir le médaillon). Soustrayez cette mesure (généralement 1 po) des marques que vous avez faites sur les poteaux et tracez sur ceux-ci une nouvelle ligne à la hauteur obtenue.

5 Coupez des appuis pour rebord de baignoire et fixez-les aux poteaux, juste au-dessous des lignes correspondant au rebord de baignoire (étape 4). Vous devrez peut-être installer les appuis en sections, pour tenir compte des supports structuraux parfois situés aux extrémités de la baignoire.

6 Réglez la position de l'ensemble d'évacuation et de trop-plein (généralement vendu en prêt-à-monter) en fonction des ouvertures de trop-plein et d'évacuation. Posez les joints d'étanchéité et les rondelles selon les instructions du fabricant, puis placez l'ensemble contre les ouvertures de la baignoire.

7 Appliquez un cordon de mastic adhésif sous la bride de la crépine, puis faites passer cette dernière dans l'ouverture d'évacuation de la baignoire. Vissez la crépine dans l'about d'évacuation et serrez-la. Insérez le clapet d'obturation.

8 Insérez la tringlerie du clapet d'obturation dans l'ouverture de trop-plein ; fixez l'applique de trop-plein avec de longues vis enfoncées dans la bride de montage du tuyau de trop-plein. Réglez la tringlerie du clapet selon les instructions du fabricant.

9 Appliquez une couche de mortier sec de ½ po d'épaisseur sur toute la surface du sous-plancher sur laquelle reposera la baignoire.

10 Déposez en travers de l'enceinte des pièces de bois de 1 po X 4 po, enduites de savon, en les appuyant sur la lisse du fond. Ces pièces vous permettront de faire glisser la baignoire dans l'enceinte sans altérer la couche de mortier.

(suite à la page suivante)

Installation d'une baignoire dans une enceinte (suite)

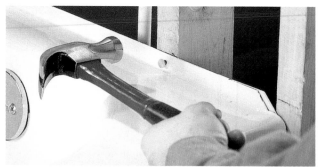

11 Faites glisser la baignoire sur les pièces de bois. Lorsqu'elle est dans la bonne position, enlevez les pièces pour que la baignoire s'enfonce dans le mortier. Appuyez uniformément sur le rebord de la baignoire jusqu'à ce qu'il repose sur les appuis fixés aux poteaux.

12 Avant que ne sèche le mortier, clouez aux poteaux la bride de la baignoire. On peut fixer la bride de deux façons : en faisant passer les clous de toiture galvanisés dans des trous déjà pratiqués dans la bride (photo du haut), ou bien en enfonçant les clous dans les poteaux de manière que les têtes de clous recouvrent la bride (photo du bas). Une fois la bride fixée aux poteaux, laissez sécher le mortier de 6 à 8 heures.

¼ po

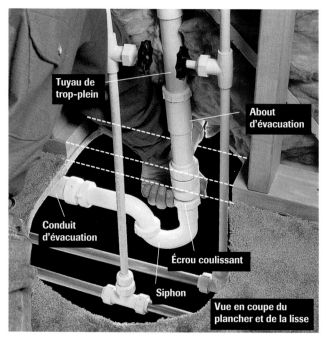

Tuyau de trop-plein

About d'évacuation

Conduit d'évacuation

Écrou coulissant

Siphon

Vue en coupe du plancher et de la lisse

13 Pour prévenir les infiltrations d'eau dans le mur, clouez par-dessus la bride de baignoire des bandes de chaperon de toiture galvanisé d'une largeur de 4 po. Laissez un jeu de dilatation de ¼ po entre le chaperon et le rebord de la baignoire. Clouez le chaperon à chaque poteau avec des clous de toiture galvanisés de 1 po.

14 Placez l'about d'évacuation de manière qu'il puisse se raccorder au siphon (vous devrez peut-être le découper avec une scie à métaux). Faites ce raccord avec un écrou coulissant. Installez les panneaux muraux, puis les volants de robinets et le bec de baignoire (pages 116-119). Enfin, appliquez autour de la baignoire un cordon de scellant pour baignoire et carrelage.

Installation d'un entourage de baignoire

1 Marquez sur un gabarit de carton la position des ouvertures de plomberie et attachez-le avec du ruban adhésif sur le panneau d'entourage qui recouvrira le mur dans lequel passent les tuyaux. Découpez le panneau avec une scie-cloche ou une scie sauteuse.

2 Pour vérifier l'ajustement des panneaux, placez-les contre le mur dans l'ordre d'installation recommandé par le fabricant et retenez-les avec du ruban adhésif. Tracez une ligne le long de l'extrémité supérieure de tous les panneaux, des bords extérieurs des panneaux latéraux et, sur le rebord de la baignoire, de l'extrémité inférieure des panneaux.

3 Retirez les panneaux dans l'ordre inverse de l'ordre suivi à l'étape 2, un par un. Chaque fois, tracez une ligne sur le mur le long du bord intérieur qui devient visible.

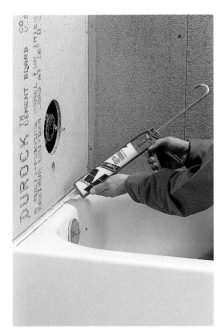

4 Appliquez un épais cordon de scellant pour baignoire et carrelage sur le rebord de la baignoire, en suivant les marques indiquant l'endroit où reposeront les panneaux.

5 Appliquez sur le mur, dans la zone des marques faites pour le premier panneau, l'adhésif recommandé par le fabricant. Appuyez avec soin sur le panneau pour qu'il colle.

6 Installez les autres panneaux dans l'ordre prescrit, en suivant les instructions du fabricant relativement au raccordement et au scellement des joints. Appuyez sur tous les panneaux, puis servez-vous de pièces de bois pour caler les panneaux en place le temps que l'adhésif durcisse (page 103, étape 8).

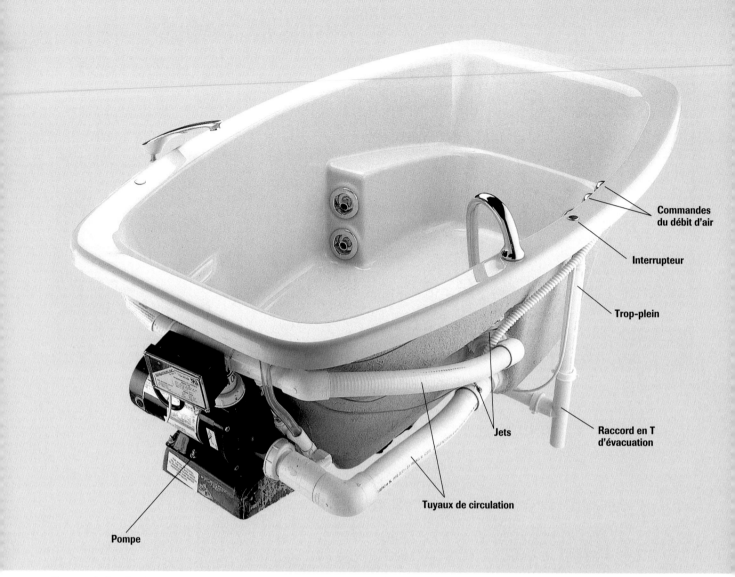

Commandes
du débit d'air

Interrupteur

Trop-plein

Raccord en T
d'évacuation

Jets

Tuyaux de circulation

Pompe

Dans une **baignoire à remous**, l'air et l'eau sont propulsés par des hydrojets situés dans le corps de la baignoire. La pompe de la baignoire peut déplacer jusqu'à 200 litres d'eau à la minute pour créer un effet d'hydromassage relaxant. La pompe, les tuyaux, les hydrojets et la plupart des commandes sont installés à l'usine, ce qui simplifie l'installation de la baignoire à la maison.

Installation d'une baignoire à remous

Une fois achevés les travaux de plomberie brute, la baignoire à remous s'installe à peu près de la même façon qu'une baignoire ordinaire. Cependant, il faut prévoir un circuit électrique distinct pour le moteur de la pompe. Certains codes exigent qu'un maître électricien exécute le raccordement électrique de la baignoire ; informez-vous auprès de l'inspecteur en bâtiment de votre localité.

Choisissez votre baignoire à remous avant de procéder aux travaux de plomberie brute, car les exigences d'installation varient d'un modèle à un autre. Choisissez un robinet apparié à la trousse d'accessoires de la baignoire. Veillez à ce que le bec du robinet soit assez long pour dépasser du rebord de la baignoire. La plupart des baignoires à remous requièrent un robinet à écartement large, dont le bec est

séparé des volants. Ces volants peuvent être installés loin du bec, voire du côté opposé de la baignoire. Vous trouverez dans la plupart des maisonneries des tuyaux souples de diverses longueurs servant à raccorder le bec et les volants d'un robinet.

Tout ce dont vous avez besoin

Outils : crayon feutre, mètre à ruban, scie circulaire, scie sauteuse, perceuse et forets à trois pointes, scie à métaux, tournevis.

Matériel : pièces de bois de 2 po X 4 po, clous 10d, contre-plaqué de ³/₄ po de catégorie « extérieur », vis, mortier sec, blocs-espaceurs en bois, fil gainé de calibre 8, raccord de mise à la terre.

Accessoires facultatifs

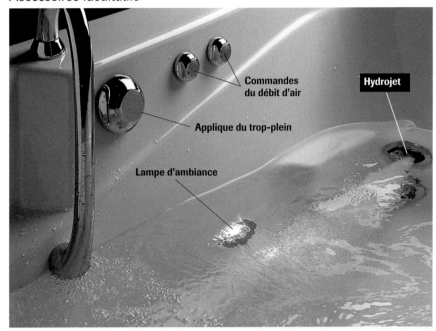

Commandes
du débit d'air

Hydrojet

Applique du trop-plein

Lampe d'ambiance

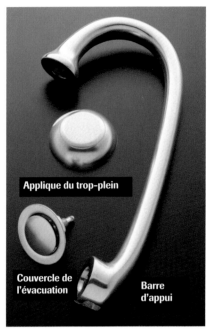

Applique du trop-plein

Couvercle de
l'évacuation

Barre
d'appui

Les **lampes d'ambiance** sont des accessoires facultatifs installés en usine qu'offrent beaucoup de fabricants. La plupart comportent plusieurs filtres qui vous permettent de régler la couleur de l'éclairage selon votre humeur. Il s'agit d'appareils à basse tension alimentés par un transformateur de 12 V. Ne raccordez pas ces lampes, ni aucun autre accessoire, au circuit électrique alimentant le moteur de la pompe.

Les **trousses d'accessoires** se commandent au moment de l'achat de la baignoire. Ces accessoires, offerts en divers finis, sont habituellement tous installés en usine, sauf l'applique du trop-plein et la barre d'appui.

Exigences relatives au raccordement électrique

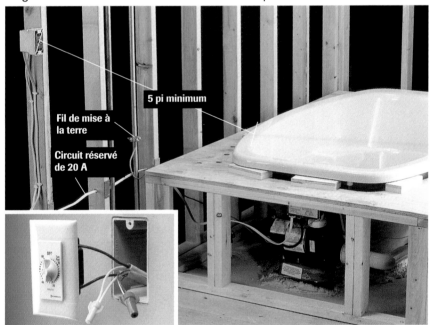

5 pi minimum

Fil de mise à
la terre

Circuit réservé
de 20 A

MAIN

Disjoncteur de
fuite à la terre

L'**alimentation électrique** d'une baignoire à remous doit être assurée par un circuit réservé de 115-120 V et 20 A. Le moteur de la pompe doit être mis à la terre séparément, la plupart du temps par raccordement à un tuyau métallique d'alimentation en eau froide. La plupart des baignoires sont raccordées au circuit par un câble NM de calibre 12 à deux fils, mais certains codes exigent l'installation d'un tube protecteur. Une **minuterie** (voir le médaillon) installée à au moins 5 pi de la baignoire est exigée par certains codes, même pour les baignoires à minuterie intégrée.

Un **disjoncteur de fuite à la terre** doit être installé dans le tableau de distribution principal. Confiez toujours à un maître électricien le soin de raccorder un nouveau circuit au tableau de distribution, même si vous vous chargez de l'installation du câble du circuit.

Installation d'une baignoire à remous

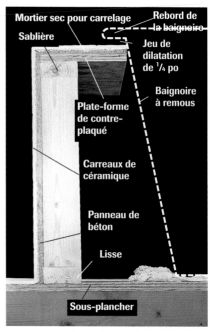

1 Tracez sur le sous-plancher le cadre de la plate-forme à l'endroit précis où celui-ci se trouvera. Servez-vous des tuyaux comme points de référence dans vos mesures. Avant de commencer la construction de la plate-forme, vérifiez les dimensions réelles de la baignoire pour confirmer qu'elles correspondent aux dimensions mentionnées dans les instructions du fabricant. CONSEIL : Planifiez votre plate-forme de manière qu'elle mesure au moins 4 po de largeur sur tout le pourtour de la baignoire.

2 Découpez les sablières, les lisses et les poteaux de la plate-forme. La hauteur du cadre doit inclure ³/₄ po pour le contreplaqué, ¹/₄ po de jeu de dilatation entre la plate-forme et le rebord de la baignoire, et 1 po pour le panneau de béton, le carrelage et le mortier.

3 Assemblez le cadre de la plate-forme. Prévoyez des ouvertures pour le panneau de service du moteur de la pompe et pour celui du dispositif d'évacuation. Clouez le cadre aux solives du plancher et aux poteaux des murs (ou aux entretoises) avec des clous 10d.

4 Recouvrez le cadre de la plate-forme avec une feuille de contreplaqué de ³/₄ po de catégorie « extérieur » et fixez-la avec des vis à intervalles de 12 po. À l'aide du gabarit de découpe de la baignoire (généralement fourni avec la baignoire), tracez la ligne de découpe. Si le gabarit n'est pas fourni, faites-vous-en un avec le carton d'emballage. La partie découpée sera légèrement plus petite que le périmètre extérieur du rebord de la baignoire.

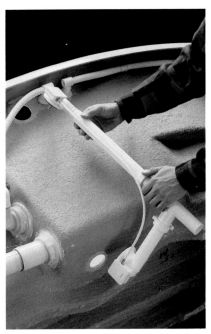

5 Découpez le contreplaqué à l'aide d'une scie sauteuse. Pour amorcer la découpe, pratiquez un avant-trou près de la ligne de découpe.

6 Mesurez et marquez les endroits où se trouveront les ouvertures destinées aux abouts du bec et des commandes de robinet, en suivant les instructions du fabricant du robinet. Faites les trous à l'aide d'une scie-cloche ou d'une perceuse munie d'un foret à trois pointes.

7 Attachez aux sorties de trop-plein et d'évacuation de la baignoire le dispositif d'évacuation et de trop-plein (inclus avec la plupart des baignoires) (pages 106-107). Coupez à la bonne hauteur le tuyau d'évacuation sortant du sol.

8 Appliquez une couche de mortier sec sur le sous-plancher, à l'endroit où reposera la baignoire à remous. Préparez des blocs-espaceurs de 12 po, d'une épaisseur de 1¼ po (épaisseur du jeu de dilatation, du mortier à carrelage et du panneau de béton ; voir l'étape 2). Placez les blocs autour de l'ouverture de la plate-forme.

9 En vous faisant aider, soulevez la baignoire par le rebord et déposez-la lentement dans l'ouverture de la plate-forme. Appuyez sur le rebord de la baignoire pour qu'elle s'enfonce dans le lit de mortier, jusqu'à ce que le rebord repose sur les blocs placés autour de l'ouverture. Évitez de faire bouger la baignoire une fois que vous l'avez mise en place et laissez le mortier durcir de 6 à 8 heures avant de procéder au raccordement de la baignoire. Durant la dépose de la baignoire, alignez l'about du dispositif d'évacuation et de trop-plein et le siphon.

(suite à la page suivante)

10 Modifiez si nécessaire la longueur de l'about du dispositif d'évacuation et de trop-plein, puis raccordez-le au siphon à l'aide d'un écrou coulissant.

11 Inspectez les raccordements des tuyaux et boyaux installés en usine. Si vous constatez qu'un raccordement est lâche, demandez conseil à votre détaillant. Si vous tentez de réparer vous-même le raccordement, vous risquez d'annuler la garantie de la baignoire.

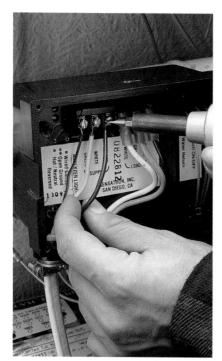

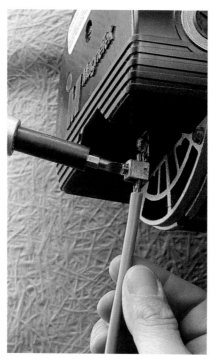

12 Après avoir coupé le courant, retirez le couvercle de la boîte de câblage du moteur de la pompe. Faites-y entrer les fils de circuit provenant de la source de courant ou de la minuterie murale et raccordez-les en suivant les instructions imprimées sur le moteur.

13 Attachez un fil gainé de calibre 8 à la borne de terre du moteur.

14 Avec un raccord de mise à la terre, attachez l'autre extrémité de ce fil gainé à un tuyau d'eau froide courant dans le mur. Vérifiez le fonctionnement du disjoncteur de fuite à la terre.

15 Nettoyez la baignoire, puis remplissez-la jusqu'à ce que le niveau d'eau dépasse de 3 po le plus haut des hydrojets.

16 Mettez la pompe en marche et laissez-la fonctionner pendant 20 minutes tandis que vous vérifiez l'étanchéité de tous les raccords. En cas de fuite, consultez votre détaillant.

17 Aux poteaux du cadre, agrafez une nappe d'isolant de fibre de verre. Le revêtement de l'isolant doit se trouver à l'intérieur, pour que les fibres n'atteignent pas le moteur. Laissez 6 po d'écart entre l'isolant et la pompe, le réchauffeur et les lampes.

18 Attachez les panneaux de béton aux côtés et au dessus de la plate-forme si vous avez l'intention de la recouvrir de carreaux de céramique. Utilisez du contreplaqué de ³/₄ po pour fabriquer les panneaux de service.

19 Posez le recouvrement de la plate-forme et des côtés, puis installez la barre d'appui, les volants et le bec de robinet (pages 116-119). Avec du scellant pour baignoire et carrelage, remplissez les joints entre le sol et la plate-forme, et entre le rebord de la baignoire et la surface de la plate-forme.

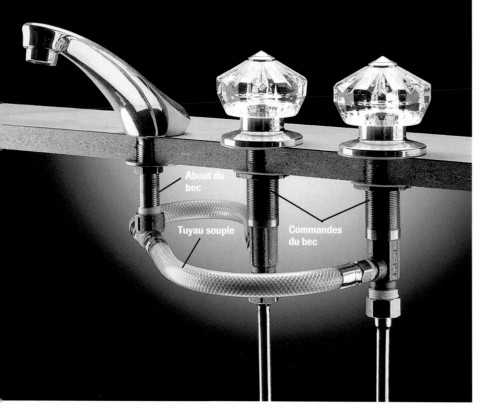

Installation des robinets et becs

Les robinets en une seule pièce à un ou à deux volants sont les plus populaires dans les salles de bain. Cependant, on installe de plus en plus souvent des robinets à « écartement large », dont le bec et les volants sont séparés. Vu que les volants sont reliés au bec par des tuyaux souples de 18 po de longueur ou plus, les robinets à écartement large peuvent être disposés de multiples façons.

Dans un **robinet à écartement large,** le bec et ses commandes sont séparés. Surtout installé dans les baignoires à remous, on l'utilise de plus en plus fréquemment dans les lavabos. Les possibilités de disposition de ces robinets ne sont limitées que par la longueur des tuyaux souples reliant les commandes au bec.

Tout ce dont vous avez besoin

Outils : perceuse munie d'un foret à trois pointes, clé pour lavabo, clé à molette, tournevis.

Matériel : mastic adhésif, ruban d'étanchéité, pâte à joints.

Installation d'un robinet à écartement large

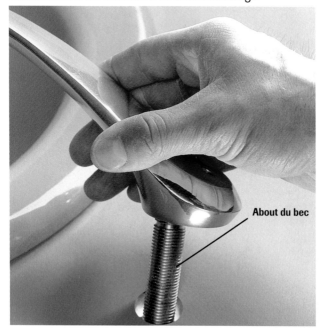

1 Dans la plate-forme ou le plan du lavabo, pratiquez les ouvertures par lesquelles passeront les abouts du bec et de ses commandes. Suivez les instructions du fabricant. Glissez une rondelle de protection sur l'about du bec, puis glissez l'about dans l'ouverture.

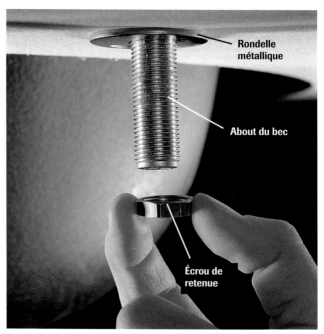

2 En travaillant sous la plate-forme, glissez une rondelle métallique sur l'about du bec, puis vissez-y un écrou de retenue, que vous serrerez à la main. Vérifiez l'alignement du bec, puis resserrez l'écrou à l'aide d'une clé pour lavabo.

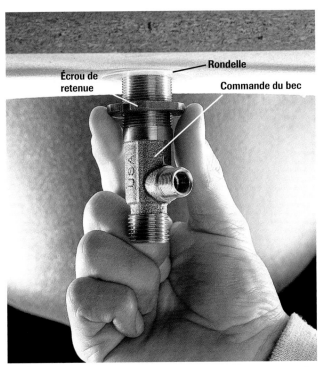

Rondelle

Écrou de retenue

Commande du bec

3 À l'aide de rondelles et d'écrous de retenue, attachez les commandes du bec selon les instrcutions du fabricant. NOTE : Certains robinets à écartement large, comme celui de l'illustration, sont entrés dans l'ouverture par en dessous et ont des écrous de retenue sur le dessus et sur le dessous.

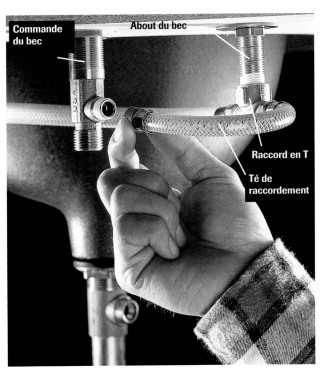

Commande du bec

About du bec

Raccord en T

Té de raccordement

4 Enroulez du ruban d'étanchéité autour de l'about du bec, puis attachez-y le té de raccordement. Attachez au T l'une des extrémités de chacun des tuyaux souples, et l'autre aux commandes du bec.

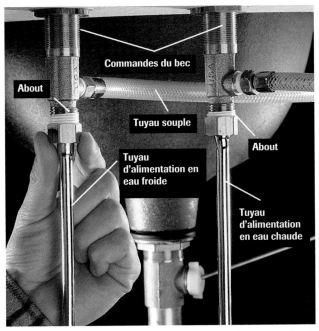

Commandes du bec

About

Tuyau souple

Tuyau d'alimentation en eau froide

About

Tuyau d'alimentation en eau chaude

5 Enroulez du ruban d'étanchéité autour de l'about des commandes du bec, puis raccordez aux abouts les tuyaux d'alimentation en eau froide et en eau chaude.

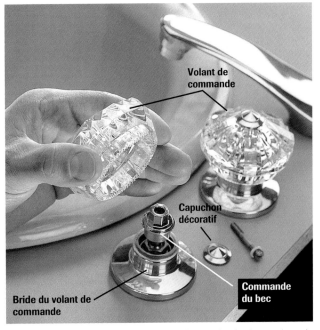

Volant de commande

Capuchon décoratif

Bride du volant de commande

Commande du bec

6 Installez les brides de volant et les volants selon les instructions du fabricant. Cachez la tête des vis avec les capuchons décoratifs.

Installation d'un robinet en une seule pièce

 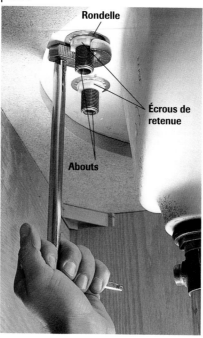 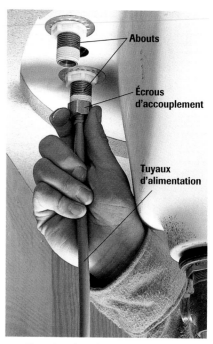

1 Appliquez un cordon de mastic adhésif sur la base du corps du robinet. (Certains robinets comportent un joint d'étanchéité et ne requièrent pas de mastic adhésif. Lisez attentivement les instructions du fabricant.)

2 Insérez les abouts dans les ouvertures du plan du lavabo. En travaillant sous le lavabo, glissez sur les abouts les rondelles puis les écrous de retenue, et serrez ces derniers avec une clé pour lavabo.

3 Enroulez du ruban d'étanchéité autour des filets des abouts, puis attachez aux abouts les écrous d'accouplement des tuyaux d'alimentation. Serrez les écrous. Installez la tringlerie d'évacuation, les volants de commande et les capuchons décoratifs.

Installation des robinets baignoire-douche

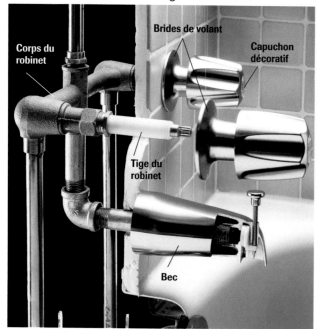 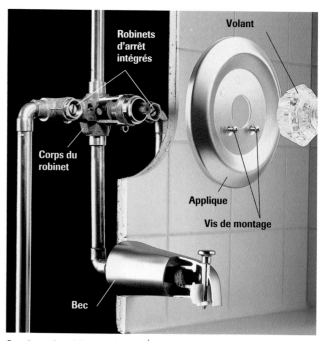

Système à deux robinets : Fixez les brides de volant sur les tiges de robinet, puis attachez les volants aux tiges à l'aide de vis de montage. Posez le bec (page 119) et les capuchons décoratifs. NOTE : Le corps du robinet doit être installé avant la finition du mur (page 100).

Système à robinet unique : À l'aide d'un tournevis, ouvrez les deux robinets d'arrêt intégrés. Fixez l'applique sur le corps du robinet au moyen des vis de montage. Posez le volant avec sa vis de montage, puis le bec et le capuchon décoratif. NOTE : Le corps du robinet doit être installé avant la finition du mur (page 100).

Raccordement des tuyaux d'alimentation

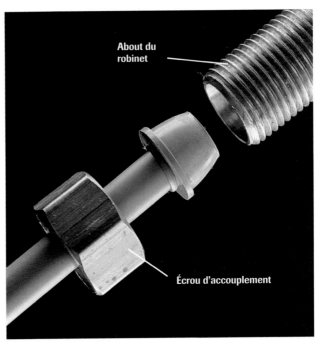

About du robinet

Écrou d'accouplement

Raccordez les tuyaux d'alimentation après avoir installé le lavabo et le corps du robinet. Les tuyaux doivent être un peu plus longs que la distance séparant les robinets d'arrêt des abouts de robinet.

La plupart des tuyaux souples ont un bout évasé qui s'adapte à l'about d'un robinet. Enroulez du ruban d'étanchéité sur les filets de l'about avant d'y visser l'écrou d'accouplement.

Installation d'un bec de baignoire

Avant de raccorder le bec, appliquez de la pâte à joints sur l'extrémité filetée du mamelon de bec sortant du mur ou enroulez-y du ruban d'étanchéité.

Vissez le bec sur le mamelon en utilisant un long tournevis comme levier. Certains becs sont munis à leur base d'une vis de pression qu'il faut serrer.

Installation de toilettes

La plupart des toilettes autres que les modèles haut de gamme sont composées de deux éléments distincts : un réservoir et une cuvette en porcelaine vitrifiée. Il existe aussi des toilettes dont le réservoir est intégré à la cuvette, mais elles coûtent de deux à trois fois plus cher que les modèles ordinaires.

Dans les nouvelles constructions et les maisons rénovées, les codes du bâtiment exigent l'installation de toilettes à faible chasse qui économisent l'eau. Celles-ci consomment environ 7 litres d'eau par chasse, comparativement aux toilettes ordinaires qui en requièrent de 14 à 28 litres.

Même si la toilette à faible chasse ne fait appel à aucune technique d'installation spéciale, consultez le mode d'installation du fabricant.

Installation d'une toilette : fixez la cuvette au sol avant d'y monter le réservoir. Les appareils de porcelaine sont fragiles ; manipulez-les avec soin.

Tout ce dont vous avez besoin

Outils : clé à molette, clé à douille à cliquet, ou clé à lavabo ; tournevis.

Matériel : bague de cire et manchon, mastic adhésif, boulons de sol, boulons de réservoir et rondelles de caoutchouc, boulons d'abattant et écrous de montage.

Installation d'une toilette

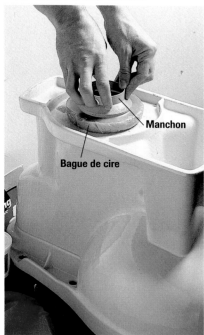

1 Mettez la cuvette à l'envers et installez sur la corne de vidange une nouvelle bague de cire et un manchon. Appliquez un cordon de mastic adhésif sur la bordure inférieure de la base de la toilette.

2 Placez la cuvette au-dessus de la bride de toilette de manière que les boulons de sol puissent passer dans les ouvertures de la base de la cuvette. La bride doit être propre, et les boulons doivent être bien droits.

3 Appuyez sur la cuvette afin de comprimer la bague de cire et le mastic adhésif. Posez les rondelles et écrous sur les boulons de sol ; serrez les écrous, pas trop, à l'aide d'une clé à molette. Installez les cache-vis.

Rondelle
à ergots

About de la
soupape de
chasse

About du robinet
de remplissage

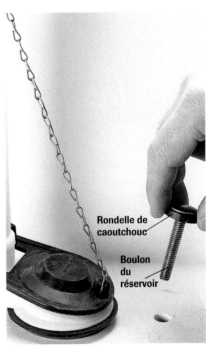

Rondelle de
caoutchouc

Boulon
du
réservoir

4 Mettez le réservoir à l'envers et installez la rondelle à ergots sur l'about de la soupape de chasse. Remettez le réservoir à l'endroit. NOTE : Pour certaines toilettes, vous devrez acheter séparément la manette de chasse, le robinet de remplissage et la soupape de chasse.

5 Placez le réservoir sur la cuvette en prenant soin de centrer la rondelle à ergots sur l'ouverture d'entrée d'eau située près du bord arrière de la cuvette.

6 Déplacez légèrement le réservoir jusqu'à ce que les ouvertures pour boulons du réservoir soient alignées avec les ouvertures pour boulons de la cuvette. Placez des rondelles de caoutchouc sur les boulons ; insérez les boulons dans les ouvertures du réservoir.

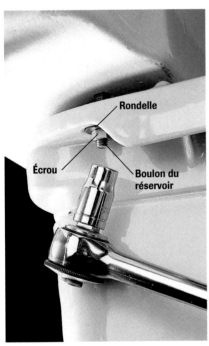

Rondelle

Écrou

Boulon du
réservoir

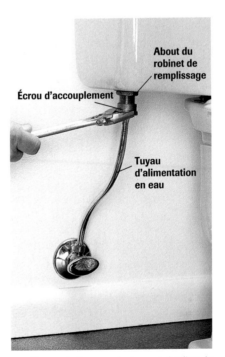

Écrou d'accouplement

About du
robinet de
remplissage

Tuyau
d'alimentation
en eau

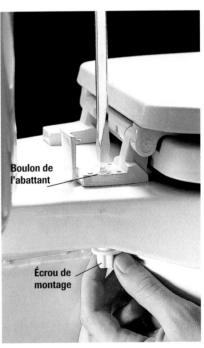

Boulon de
l'abattant

Écrou de
montage

7 Sous le bord de la cuvette, installez des rondelles et des écrous sur les boulons du réservoir ; serrez les écrous, pas trop, à l'aide d'une clé à molette ou d'une clé à lavabo.

8 Coupez le tronçon de tuyau qui reliera le robinet d'arrêt à l'about du robinet de remplissage du réservoir. À l'aide d'une clé à molette, serrez l'écrou d'accouplement.

9 Installez l'abattant sur la cuvette en insérant vers le bas les boulons de l'abattant dans les ouvertures de la cuvette et en y vissant les écrous de montage.

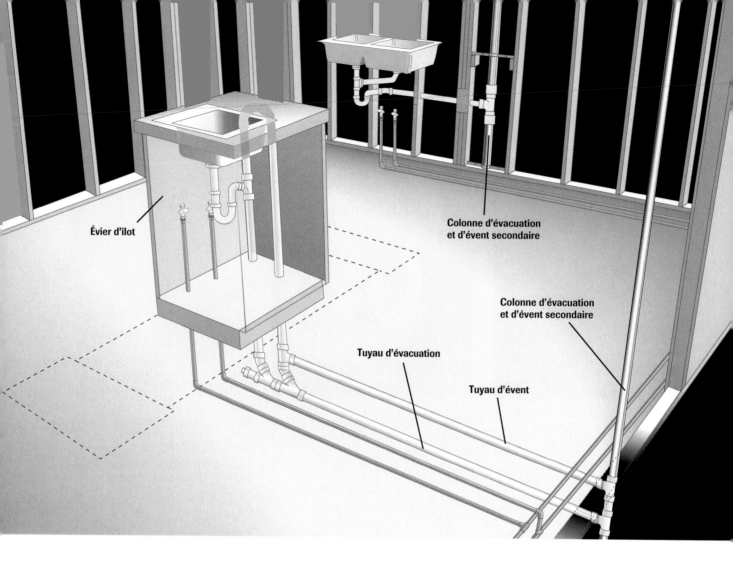

Évier d'îlot

Colonne d'évacuation et d'évent secondaire

Colonne d'évacuation et d'évent secondaire

Tuyau d'évacuation

Tuyau d'évent

Tuyautage d'une cuisine

Le tuyautage d'une cuisine rénovée est relativement simple si celle-ci ne comprend qu'un évier mural. Toutefois, le travail se complique s'il faut installer un évier d'îlot.

L'installation d'un évier d'îlot présente une difficulté vu l'absence d'un mur adjacent dans lequel faire passer le tuyau d'évent. Il faut donc recourir à une configuration de tuyauterie spéciale parfois appelée « évent bouclé ».

Chaque cas est différent ; la configuration de votre installation dépendra de la position des colonnes d'évacuation et d'évent existantes, de l'orientation des solives du plancher ainsi que des dimensions et de la position de la base de l'îlot. Pour la conception de votre évent bouclé, demandez conseil à l'inspecteur en bâtiment de votre localité.

- Nous avons divisé notre projet de tuyautage de cuisine en trois phases :
- Installation de tuyaux d'évacuation et d'évent pour un évier mural (pages 124-126)
- Installation de tuyaux d'évacuation et d'évent pour un évier d'îlot (pages 127-131)
- Installation de nouveaux tuyaux d'alimentation en eau (pages 132-133)

Notre cuisine modèle comprend un évier mural double et un évier d'îlot. Le tuyau d'évacuation de 1½ po de l'évier mural est raccordé à une colonne d'évacuation et d'évent existante faite d'un tuyau galvanisé de 2 po ; puisque le siphon ne se trouve pas à plus de 3½ pi de la colonne, un tuyau d'évent n'est pas requis. L'évacuation de l'évier d'îlot, configuré en évent bouclé, est raccordé à une colonne d'évacuation et d'évent secondaire située dans le sous-sol.

Conseils sur le tuyautage d'une cuisine

Isolez les murs extérieurs si vous habitez dans une région où il gèle l'hiver. Si possible, faites courir les tuyaux d'alimentation en eau dans les planchers ou les murs intérieurs, plutôt que dans les murs extérieurs.

Utilisez les colonnes d'évacuation et d'évent existantes pour raccorder les nouveaux tuyaux d'évacuation et d'évent. En plus de la colonne de chute, la plupart des maisons possèdent dans la cuisine une ou plusieurs colonnes d'évacuation et d'évent secondaires auxquelles peuvent se brancher ces nouveaux tuyaux.

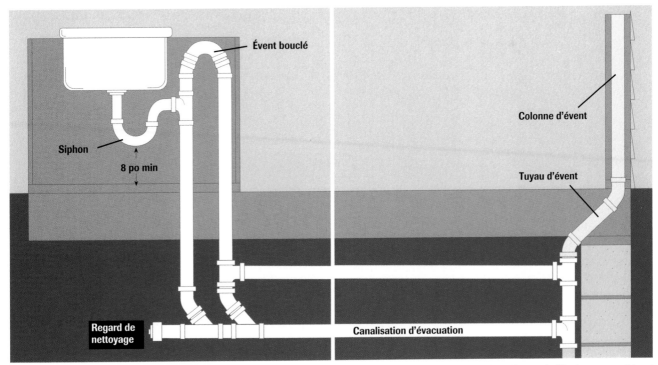

L'**évent bouclé** permet de mettre à l'air libre un évier lorsqu'il n'y a pas de mur à proximité dans lequel faire courir le tuyau. Le tuyau d'évacuation est mis à l'air libre par une boucle de tuyau qui décrit un arc sous le plan de travail de l'îlot avant de traverser le plancher. Le tuyau d'évent court alors horizontalement pour ensuite se raccorder à un tuyau d'évent existant.

Dans notre projet, nous avons raccordé l'évent de l'îlot à un tuyau d'évent provenant d'une cuve de service située dans le sous-sol. NOTE : L'évent bouclé est soumis à des contraintes réglementaires à l'échelle locale. Demandez toujours conseil à l'inspecteur en bâtiment à ce sujet.

Installation de tuyaux d'évacuation et d'évent pour un évier mural

1 Déterminez l'emplacement du tuyau d'évacuation de l'évier en marquant sur le sol la position de l'évier et de la base de l'îlot. Faites un point sur le plancher qui indiquera l'emplacement de l'ouverture d'évacuation de l'évier. Ce point vous servira de repère pour l'alignement du tuyau que vous devrez raccorder à cette ouverture.

2 Marquez sur les poteaux situés derrière l'armoire de l'évier mural le parcours que suivra le nouveau tuyau d'évacuation. Ce tuyau doit décrire une pente de ¼ po par pied en direction de la colonne d'évacuation et d'évent.

3 Servez-vous d'une perceuse droite et d'une scie-cloche pour pratiquer les ouvertures destinées au passage du tuyau (page 76). Dans le cas des poteaux non porteurs, comme ceux se trouvant sous une fenêtre, vous pouvez faire une entaille à la scie alternative pour simplifier l'installation du tuyau. Dans le cas des poteaux porteurs, vous devez faire passer le tuyau dans les ouvertures pratiquées à la scie-cloche et vous servir de raccords pour joindre les divers tronçons de tuyau.

4 Mesurez et coupez un tuyau d'évacuation horizontal qui reliera la colonne d'évacuation et d'évent au bout de tuyau sortant du sol ; vérifiez si les mesures sont justes. Avec un coude à 45° et un tronçon de 6 po d'un tuyau de 1½ po de diamètre, fabriquez le bout de tuyau auquel se rac-

cordera le tuyau d'évacuation de l'évier. NOTE : Si le siphon doit se trouver à plus de 3 ½ pi de la colonne, vous devrez installer un raccord en T d'évacuation, faire monter un tuyau d'évent dans le mur et raccorder celui-ci à la colonne à au moins 6 po de hauteur par rapport au bord de l'évier.

5 Enlevez le manchon de néoprène d'un raccord à colliers, repliez-en le bord vers l'arrière pour mesurer l'épaisseur de la bague séparatrice.

6 Joignez deux tronçons de tuyau de 2 po de diamètre et d'au moins 4 po de longueur aux ouvertures supérieure et inférieure d'un raccord en T d'évacuation dont les diamètres d'ouverture sont 2 po, 2 po et 1½ po. Placez le raccord le long de la colonne, puis marquez les lignes de découpe sur celle-ci, en tenant compte de la largeur de la bague séparatrice des raccords à colliers.

(suite à la page suivante)

7 Servez-vous de fixations de colonne et de blocs de bois de 2 po X 4 po pour soutenir la colonne au-dessus et au-dessous du point de raccordement au nouveau tuyau d'évacuation. À l'aide d'une scie alternative munie d'une lame à métaux, découpez la colonne le long des lignes tracées à l'étape 6 (page 125).

8 Glissez les raccords à colliers sur les extrémités de la colonne et relevez le bord des manchons de néoprène. Mettez en place le raccord en T assemblé, puis déroulez le bord des manchons sur les tuyaux de plastique.

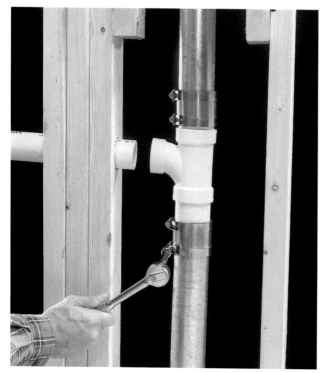

9 Glissez les colliers métalliques sur les manchons de néoprène et serrez les colliers avec une clé à douille à cliquet ou avec un tournevis.

10 Avec de la colle à solvant, raccordez le tuyau d'évacuation, à partir de la colonne. Utilisez un coude à 90° et un court tronçon de tuyau pour créer un bout de tuyau qui dépassera du mur d'environ 4 po et auquel sera raccordé le tuyau d'évacuation de l'évier.

Installation de tuyaux d'évacuation et d'évent pour un évier d'îlot

1 Placez l'îlot selon le plan de votre cuisine. Avec du ruban-cache, marquez sur le sol la position de l'îlot, puis retirez l'îlot.

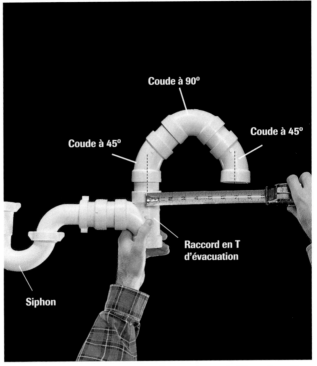

Coude à 90°

Coude à 45°

Coude à 45°

Raccord en T d'évacuation

Siphon

2 Construisez le début du tuyau d'évacuation et de l'évent bouclé en joignant, avec des tronçons de tuyau de 2 po de longueur et sans les coller, un siphon, un raccord en T d'évacuation, deux coudes à 45° et un coude à 90°. Mesurez la largeur de la boucle entre les centres des deux raccords. Lorsque l'ensemble vous satisfera, vous pourrez joindre ces éléments avec de la colle à solvant.

3 Perpendiculairement au mur, tracez une ligne qui vous guidera lorsque vous mettrez en place les tuyaux d'évacuation. Un gabarit de carton représentant l'évier peut vous aider à mettre en place la boucle à l'intérieur du périmètre dessiné sur le sous-plancher.

4 Placez la boucle assemblée sur le sol et servez-vous-en pour marquer les endroits où vous devez pratiquer des ouvertures dans le sous-plancher. Veillez à placer la boucle de manière que les ouvertures ne soient pas situées au-dessus de solives.

(suite à la page suivante)

Installation de tuyaux d'évacuation et d'évent pour un évier d'îlot (suite)

5 Pour pratiquer dans le sous-plancher les ouvertures marquées, utilisez une scie-cloche dont le diamètre est légèrement supérieur à celui des tuyaux. Notez la position des ouvertures en mesurant avec soin les distances à partir du tracé du bord de l'îlot fait au ruban-cache. Ces mesures vous aideront à trouver les endroits où pratiquer les ouvertures dans la base de l'îlot, lesquelles doivent correspondre à celles du sous-plancher.

6 Remettez l'îlot en place et marquez sur le fond de celui-ci les endroits où passeront les tuyaux d'évacuation et d'évent. (Dans vos mesures, n'oubliez pas de tenir compte de l'épaisseur des côtés de l'îlot.) Utilisez la scie-cloche pour pratiquer dans le fond de l'îlot des ouvertures situées directement au-dessus de celles du sous-plancher.

7 Mesurez, coupez et montez la boucle créée à l'étape 2 (page 127). Déposez une planche sur le dessus de l'îlot et fixez-y la boucle avec du ruban adhésif. Prolongez ensuite les tuyaux d'évacuation et d'évent et faites-leur traverser les ouvertures pratiquées dans le fond de l'îlot. Le raccord en T d'évacuation doit se trouver à environ 18 po au-dessus du plancher, tandis que les deux tuyaux doivent dépasser d'environ 2 pi du plafond du sous-sol.

8 Dans le sous-sol, planifiez le parcours du tuyau d'évent jusqu'à un tuyau d'évent existant. (Dans notre projet, nous l'avons raccordé à la colonne secondaire d'une cuve de service.) Tenez un long tronçon de tuyau entre la colonne et le tuyau d'évent et marquez les endroits où se trouveront les raccords en T. Installez le raccord sur le bout du tuyau, sans le coller.

9 Placez un raccord en T d'évacuation contre la colonne d'évent et marquez le tuyau d'évent horizontal à la bonne longueur. Insérez le tuyau horizontal dans le raccord, puis fixez-le contre la colonne avec du ruban adhésif. Le tuyau d'évent devrait décrire une pente de ¼ po par pied en direction du tuyau d'évacuation.

10 Insérez un tronçon de tuyau de 3 po de longueur dans l'ouverture inférieure du raccord en T attaché au tuyau d'évent. Marquez le tuyau d'évent et le tuyau d'évacuation à l'endroit où seront installés les coudes à 45°. Tranchez les tuyaux sur les marques et fixez-y les coudes sans les coller.

11 Prolongez les tuyaux d'évacuation et d'évent en insérant dans les coudes, sans les coller, des tronçons de tuyau de 3 po de longueur et des raccords en Y. À l'aide d'un niveau à bulle, veillez à ce que le tuyau d'évent décrive une pente de ¼ po par pied jusqu'à la colonne. Mesurez et coupez un court tronçon de tuyau qui reliera les deux raccords en Y.

(suite à la page suivante)

12 Découpez un tuyau d'évacuation horizontal qui reliera le raccord en Y d'évent à la colonne d'évacuation et d'évent secondaire. Attachez un raccord en T d'évacuation à l'extrémité du tuyau d'évacuation, puis placez-le contre la colonne, en faisant décrire au tuyau une pente de $\frac{1}{4}$ po par pied. Tracez sur la colonne les lignes de découpe au-dessus et au-dessous des raccords.

13 Tranchez la colonne sur les lignes de découpe. Avec des raccords en T et de courts tronçons de tuyau, montez un ensemble de tuyau de plastique qui s'insérera entre les extrémités tranchées de la colonne. Cet ensemble doit mesurer environ $\frac{1}{2}$ po de moins que la partie enlevée à la colonne.

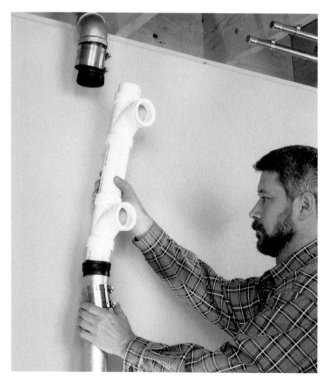

14 Glissez des raccords à colliers sur les extrémités de la colonne, puis insérez-y l'ensemble de tuyaux de plastique ; serrez lâchement les colliers.

15 Insérez un regard de nettoyage dans l'ouverture libre du raccord en Y du tuyau d'évacuation.

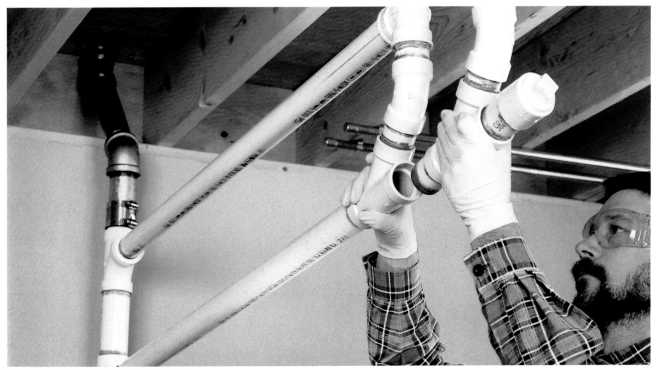

16 Joignez avec de la colle à solvant tous les tuyaux et raccords du sous-sol, en commençant par l'ensemble de plastique inséré dans la colonne d'évacuation et d'évent existante. Ne collez pas les tuyaux d'évacuation et d'évent verticaux montant jusqu'à l'îlot. Resserrez les colliers des raccords de la colonne. Soutenez les tuyaux horizontaux à intervalle de 4 pi à l'aide de courroies clouées aux solives, puis détachez les deux tuyaux montant jusqu'à l'îlot. Le raccordement final de la boucle sera réalisé durant les autres phases du projet de rénovation de la cuisine.

17 Après avoir posé le recouvrement de sol et les deux planchettes de la base de l'îlot, découpez le recouvrement pour découvrir les ouvertures destinées au passage des tuyaux.

18 Installez la base de l'îlot, faites passer les deux tuyaux dans les ouvertures du fond de l'îlot, et assemblez les pièces avec de la colle à solvant.

Installation de nouveaux tuyaux d'alimentation en eau

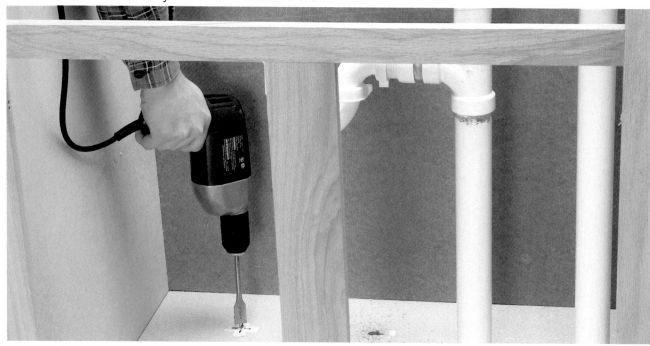

1 Dans le fond de l'îlot et dans le sous-plancher, pratiquez deux ouvertures de 1 po de diamètre, à 6 po l'une de l'autre. Veillez à ce que ces ouvertures ne se trouvent pas au-dessus de solives. Faites de même dans le fond de l'armoire de l'évier mural.

2 Coupez l'eau au robinet principal et laissez les tuyaux se vider. Avec une scie à métaux ou un coupe-tuyau, enlevez tous les vieux tuyaux d'alimentation en eau qui gênent le passage des nouveaux. Dans notre projet, nous avons enlevé les vieux tuyaux jusqu'à l'endroit où il était commode de faire partir les nouveaux.

3 Installez sans les braser des raccords en T sur chacun des tuyaux d'alimentation (nous avons utilisé des raccords en T de réduction de diamètres de ¾ po, ½ po et ½ po). Servez-vous de coudes et de tronçons de tuyau de cuivre pour monter les tuyaux qui alimenteront l'îlot et l'évier mural. L'écart entre les deux tuyaux parallèles doit mesurer de 3 po à 6 po.

132

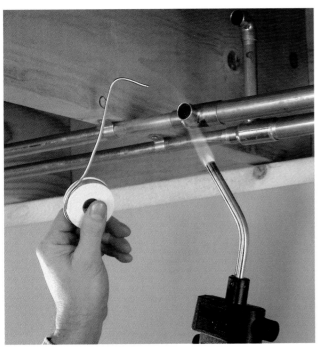

4 Brasez les tuyaux et les raccords, en commençant aux raccords en T. Soutenez les tuyaux horizontaux à intervalles de 6 pi à l'aide de courroies clouées aux solives.

5 Prolongez les tuyaux jusque sous les ouvertures de l'îlot et de l'armoire de l'évier mural. Servez-vous de coudes et de tronçons de tuyau pour fabriquer les conduites verticales qui doivent dépasser d'au moins 12 po dans l'armoire et l'îlot. Avec un petit niveau, assurez-vous que les tuyaux sont parfaitement verticaux, puis marquez les endroits où couper les tuyaux horizontaux.

6 Joignez et brasez les tuyaux verticaux aux tuyaux horizontaux. Installez des entretoises entre les solives et attachez les tuyaux verticaux aux entretoises à l'aide de courroies.

7 Brasez des adaptateurs mâles filetés sur les extrémités des tuyaux verticaux, puis vissez-y les robinets d'arrêt filetés.

Installation d'un robinet et d'un dispositif d'évacuation

La plupart des nouveaux robinets de cuisine sont de type « sans rondelle », à levier unique, et ont rarement besoin d'entretien. Les modèles haut de gamme, évidemment plus chers, présentent d'autres caractéristiques, tels le fini émaillé, la douchette amovible, voire l'affichage numérique de la température.

Raccordez le robinet aux tuyaux d'alimentation en eau chaude et en eau froide à l'aide de tubes souples faciles à installer, faits de vinyle ou d'acier tressé.

Lorsque le code du bâtiment le permet, utilisez un tuyau de plastique pour le branchement à la canalisation d'évacuation. Les éléments de plastique sont économiques et faciles à installer. Une vaste gamme de rallonges et de raccords à angle vous permettent de tuyauter aisément n'importe quel type d'évier. Les fabricants offrent des trousses contenant tous les raccords nécessaires au branchement du broyeur à déchets ou du lave-vaisselle au dispositif d'évacuation de l'évier.

Tout ce dont vous avez besoin

Outils : pince multiprise, scie à métaux, clé à lavabo.

Matériel : robinet, tubes d'alimentation en vinyle ou en acier tressé, éléments du dispositif d'évacuation.

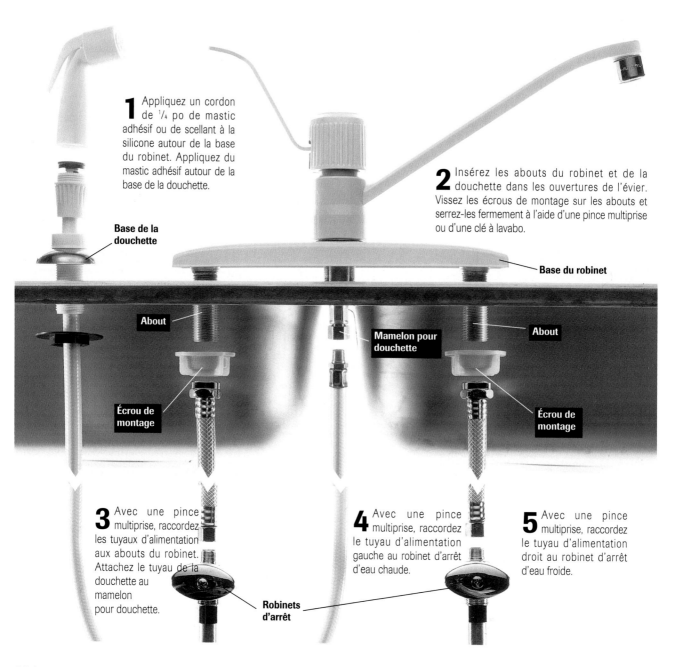

1 Appliquez un cordon de ¹⁄₄ po de mastic adhésif ou de scellant à la silicone autour de la base du robinet. Appliquez du mastic adhésif autour de la base de la douchette.

2 Insérez les abouts du robinet et de la douchette dans les ouvertures de l'évier. Vissez les écrous de montage sur les abouts et serrez-les fermement à l'aide d'une pince multiprise ou d'une clé à lavabo.

Base de la douchette

Base du robinet

About

Mamelon pour douchette

About

Écrou de montage

Écrou de montage

3 Avec une pince multiprise, raccordez les tuyaux d'alimentation aux abouts du robinet. Attachez le tuyau de la douchette au mamelon pour douchette.

4 Avec une pince multiprise, raccordez le tuyau d'alimentation gauche au robinet d'arrêt d'eau chaude.

5 Avec une pince multiprise, raccordez le tuyau d'alimentation droit au robinet d'arrêt d'eau froide.

Robinets d'arrêt

Raccordement du tuyau d'évacuation à l'évier

Rondelles

Manchon de crépine

Écrou d'arrêt

Rondelle encastrable

Écrou coulissant

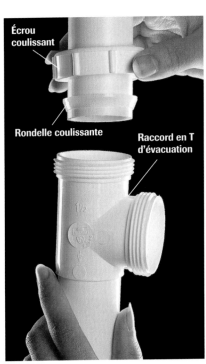

Écrou coulissant

Rondelle coulissante

Raccord en T d'évacuation

1 Installez un manchon de crépine dans chacune des ouvertures d'évacuation de l'évier. Appliquez un cordon de ¼ po de mastic adhésif sous la collerette du manchon. Insérez le manchon dans l'ouverture d'évacuation. Posez les rondelles de caoutchouc et de fibre sur le col du manchon. Vissez l'écrou d'arrêt sur le col et serrez-le à l'aide d'une pince multiprise.

2 Installez un about sur le manchon. Placez une rondelle encastrable dans l'extrémité évasée de l'about, puis fixez ce dernier en vissant un écrou coulissant sur le manchon. Au besoin, raccourcissez l'about à l'aide d'une scie à métaux.

3 Si l'évier comporte deux bassins, utilisez un raccord en T d'évacuation pour joindre les abouts (page 136). Fixez le raccord à l'aide de rondelles et d'écrous coulissants. La face biseautée des rondelles doit être orientée vers la partie filetée des tuyaux.

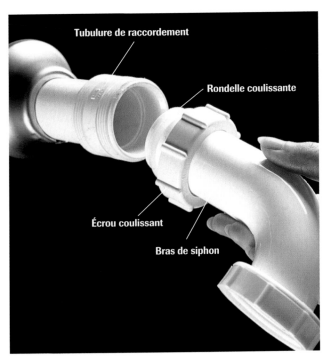

Tubulure de raccordement

Rondelle coulissante

Écrou coulissant

Bras de siphon

Partie coudée du siphon

4 À l'aide d'une rondelle et d'un écrou coulissants, raccordez le bras de siphon à la tubulure de raccordement. La face biseautée de la rondelle doit être orientée vers la partie filetée du tuyau. Au besoin, raccourcissez le bras de siphon à l'aide d'une scie à métaux.

5 Installez la partie coudée du siphon en utilisant des rondelles et des écrous coulissants. La face biseautée des rondelles doit être orientée vers la partie coudée du siphon. Resserrez tous les écrous à l'aide d'une pince multiprise.

Cet **évier à deux bassins** est raccordé au dispositif d'évacuation au moyen d'un siphon et d'un raccord en T d'évacuation. L'une des ouvertures du raccord est branchée au broyeur à déchets, une autre l'est à un about d'évacuation lui-même attaché à l'autre bassin de l'évier. Des tuyaux d'alimentation commandés par des robinets d'arrêt acheminent jusqu'au robinet l'eau des colonnes montantes d'eau chaude et d'eau froide. La colonne montante d'eau chaude est parfois reliée à un tuyau d'alimentation qui se rend jusqu'à un lave-vaisselle installé près de l'évier. La colonne montante d'eau froide peut être munie d'un robinet-vanne à étrier et d'un tuyau se rendant à la machine à glaçons du réfrigérateur.

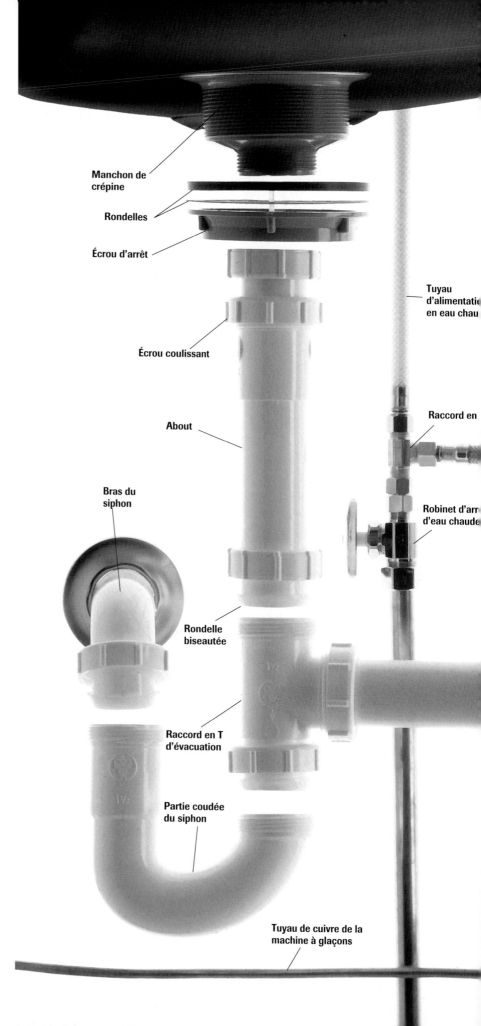

Manchon de crépine

Rondelles

Écrou d'arrêt

Écrou coulissant

About

Tuyau d'alimentation en eau chau...

Raccord en ...

Bras du siphon

Rondelle biseautée

Robinet d'arr... d'eau chaude

Raccord en T d'évacuation

Partie coudée du siphon

Tuyau de cuivre de la machine à glaçons

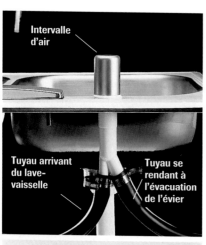

Intervalle d'air

Tuyau arrivant du lave-vaisselle

Tuyau se rendant à l'évacuation de l'évier

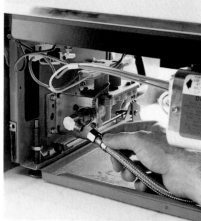

L'évacuation du **lave-vaisselle** se fait par une boucle qui passe par un intervalle d'air situé sur le dessus de l'armoire (photo du haut) ; l'intervalle d'air, aussi appelé reniflard, empêche les eaux usées de refouler dans le lave-vaisselle si l'évacuation de l'évier est bouchée. Le tuyau d'alimentation partant de la colonne montante d'eau chaude est raccordé à la soupape d'entrée d'eau se trouvant derrière le panneau de service du lave-vaisselle.

136

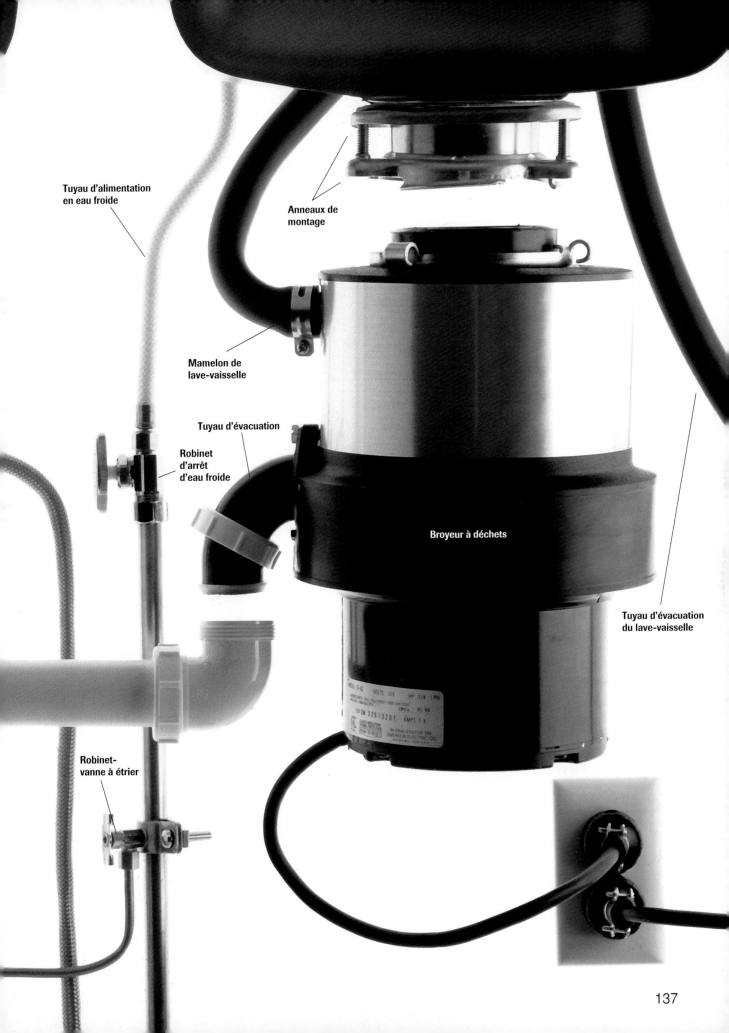

Tuyau d'alimentation
en eau froide

Anneaux de
montage

Mamelon de
lave-vaisselle

Tuyau d'évacuation

Robinet
d'arrêt
d'eau froide

Broyeur à déchets

Tuyau d'évacuation
du lave-vaisselle

Robinet-
vanne à étrier

137

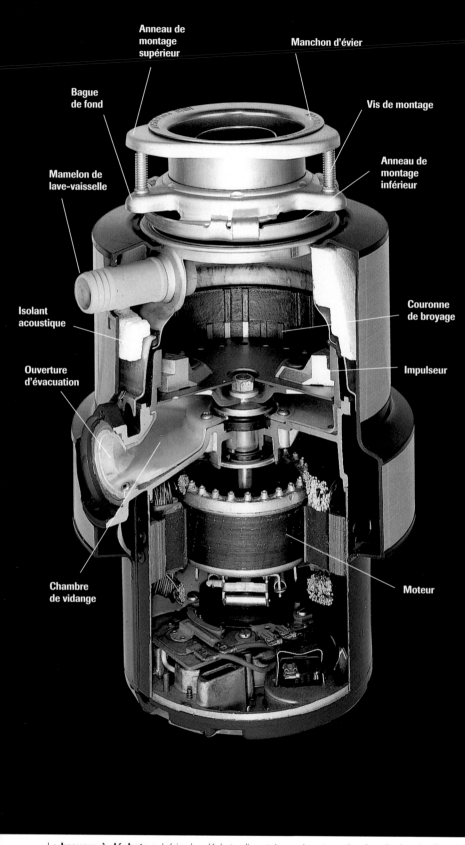

Anneau de montage supérieur

Manchon d'évier

Bague de fond

Vis de montage

Mamelon de lave-vaisselle

Anneau de montage inférieur

Isolant acoustique

Couronne de broyage

Ouverture d'évacuation

Impulseur

Chambre de vidange

Moteur

Installation d'un broyeur à déchets

Choisissez un broyeur équipé d'un moteur d'une puissance minimale de ½ HP et à auto-inversion prévenant le blocage. Les meilleurs modèles s'accompagnent d'une garantie du fabricant pouvant aller jusqu'à 5 ans.

Certains codes exigent que le broyeur soit branché dans une prise de courant mise à la terre et commandée par un interrupteur installé au-dessus de l'évier.

Tout ce dont vous avez besoin

Outils : (pages 34-37), tournevis.

Matériel : cordon électrique de calibre 12 avec fiche de mise à la terre, serre-fils.

Installation d'un broyeur à déchets

1 Retirez la plaque inférieure du broyeur. À l'aide d'une pince à usages multiples, dénudez chacun des fils du cordon sur environ ½ po. Avec des serre-fils, attachez ensemble les fils blancs, puis les fils noirs. Attachez le fil gainé vert à la vis de mise à la terre verte de l'appareil. Poussez doucement sur les fils pour qu'ils se logent dans le boîtier ; remettez la plaque.

Le **broyeur à déchets** pulvérise les déchets alimentaires qui sont ensuite chassés dans le dispositif d'évacuation de l'évier. Un bon broyeur est équipé d'un moteur de ½ HP à auto-inversion prévenant le blocage. Cherchez un modèle muni d'un isolant acoustique, d'une couronne de broyage en fonte et d'un interrupteur automatique de surcharge qui protège le moteur en cas de surchauffe. Les fabricants offrent une garantie de 5 ans sur leurs meilleurs broyeurs.

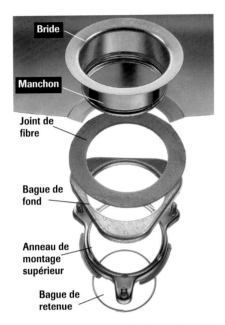

Bride

Manchon

Joint de fibre

Bague de fond

Anneau de montage supérieur

Bague de retenue

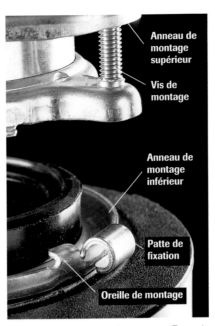

Anneau de montage supérieur

Vis de montage

Anneau de montage inférieur

Patte de fixation

Oreille de montage

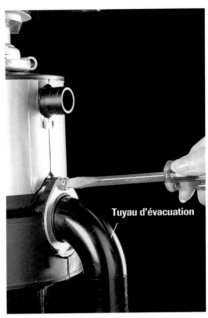

Tuyau d'évacuation

2 Appliquez un cordon de ¼ po de mastic adhésif sous la bride du manchon. Insérez le manchon dans l'ouverture de l'évier ; glissez sur le manchon le joint de fibre et la bague de fond. Placez sur le manchon l'anneau de montage supérieur et glissez dans la rainure la bague de retenue

3 Serrez les trois vis de montage. Tenez le broyeur contre l'anneau de montage supérieur de manière que les pattes de fixation de l'anneau de montage inférieur se trouvent directement sous les vis de montage. Faites tourner l'anneau de montage inférieur dans le sens des aiguilles d'une montre, jusqu'à ce que le broyeur soit solidement retenu par le dispositif de montage.

4 Attachez le tuyau d'évacuation à l'ouverture d'évacuation située sur le côté du broyeur, en utilisant la rondelle de caoutchouc et la bride métallique.

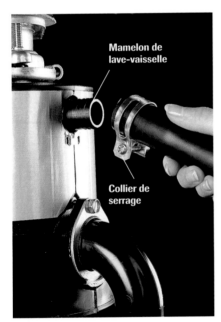

Mamelon de lave-vaisselle

Collier de serrage

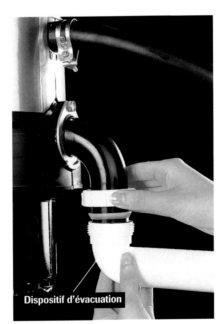

Dispositif d'évacuation

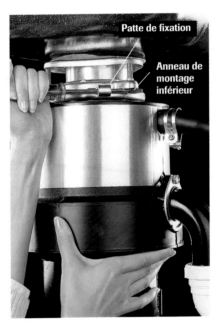

Patte de fixation

Anneau de montage inférieur

5 Si vous avez l'intention de raccorder au broyeur un lave-vaisselle, prenez un tournevis et faites sauter le bouchon du mamelon de lave-vaisselle. À l'aide d'un collier de serrage, attachez au mamelon le tuyau d'évacuation du lave-vaisselle.

6 Attachez le tuyau d'évacuation du broyeur au dispositif d'évacuation à l'aide d'une rondelle et d'un écrou coulissants. Si le tuyau d'évacuation est trop long, raccourcissez-le avec une scie à métaux ou un coupe-tuyau.

7 Verrouillez en place le broyeur. Insérez un tournevis ou la clé du broyeur dans l'une des pattes de fixation de l'anneau de montage inférieur et faites tourner ce dernier dans le sens des aiguilles d'une montre jusqu'à ce que les oreilles de montage soient verrouillées. Avec une pince multiprise, resserrez tous les écrous coulissants du dispositif d'évacuation.

Installation d'un lave-vaisselle

Le lave-vaisselle doit être raccordé à une source d'eau chaude, à un dispositif d'évacuation et à une source de courant. Ces raccordements sont plus faciles à exécuter si le lave-vaisselle est installé près de l'évier.

L'eau chaude parvient au lave-vaisselle par un tuyau d'alimentation. Grâce à un robinet d'arrêt à trois voies ou à un raccord en T de laiton installé sur le tuyau d'eau chaude, vous pouvez commander avec le même robinet l'alimentation en eau chaude de l'évier et du lave-vaisselle.

Pour une plus grande sécurité, faites passer le tuyau d'évacuation du lave-vaisselle par un intervalle d'air monté sur l'évier ou sur le dessus de l'armoire. En cas d'obstruction de l'évacuation, cet intervalle empêchera le refoulement des eaux usées dans le lave-vaisselle.

Le lave-vaisselle requiert un circuit séparé de 20 A. Par commodité, câblez ce circuit dans l'une des moitiés d'une prise double ; l'autre moitié de la prise alimentera le broyeur à déchets.

Tout ce dont vous avez besoin

Outils : (pages 34-37), tournevis, couteau universel, perceuse avec scie-cloche de 2 po.

Matériel : intervalle d'air (reniflard), tuyau d'évacuation, about de raccord en T d'évacuation, tuyau d'alimentation en acier tressé, tube de caoutchouc pour raccorder le broyeur, raccord en L en laiton, cordon électrique de calibre12.

Installation d'un lave-vaisselle

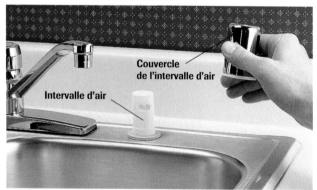

Couvercle de l'intervalle d'air

Intervalle d'air

1 Installez un intervalle d'air (reniflard) dans une ouverture déjà pratiquée dans l'évier, ou bien pratiquez une ouverture dans l'évier ou le plan de travail à l'aide d'une perceuse et d'une scie-cloche. Fixez l'intervalle en serrant avec une pince multiprise l'écrou de montage sur l'about.

2 Dans les côtés de l'armoire de l'évier, pratiquez les ouvertures requises par les tuyaux et par les câbles à l'aide d'une perceuse et d'une scie-cloche. Consultez la documentation fournie par le fabricant pour connaître le diamètre et la position de ces ouvertures. Glissez le lave-vaisselle dans son logement, en faisant passer le tuyau d'évacuation de caoutchouc par l'ouverture pratiquée dans l'armoire. Mettez l'appareil de niveau.

Mamelon droit
Mamelon à angle

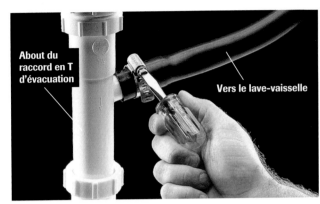

About du raccord en T d'évacuation
Vers le lave-vaisselle

3 Avec un collier, raccordez le tuyau d'évacuation du lave-vaisselle au petit mamelon droit de l'intervalle d'air. Si le tuyau est trop long, coupez-le à la bonne longueur avec un couteau universel. Installez un autre tuyau de caoutchouc entre le gros mamelon à angle de l'intervalle d'air et le mamelon d'évacuation du broyeur. Faites les raccordements avec des colliers.

Si l'évier n'est pas équipé d'un broyeur, attachez un about de raccord en T d'évacuation au manchon de crépine de l'évier. Raccordez le tuyau d'évacuation au mamelon du raccord en T à l'aide d'un collier.

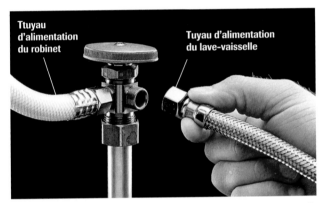

Ttuyau d'alimentation du robinet
Tuyau d'alimentation du lave-vaisselle

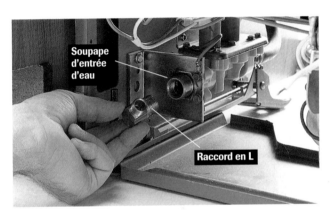

Soupape d'entrée d'eau
Raccord en L

4 Avec une pince multiprise, raccordez le tuyau d'alimentation en eau du lave-vaisselle au robinet d'arrêt d'eau chaude. Ce branchement est facile si vous utilisez un robinet d'arrêt à trois voies ou un raccord en T de laiton (page 136).

5 Enlevez le panneau de service du lave-vaisselle. Vissez un raccord en L sur l'ouverture filetée de la soupape d'entrée d'eau du lave-vaisselle et serrez-le à l'aide d'une pince multiprise.

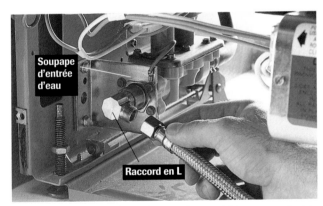

Soupape d'entrée d'eau
Raccord en L

6 Attachez le tuyau d'alimentation en acier tressé à la soupape d'entrée d'eau du lave-vaisselle. Avec une pince multiprise, branchez sur le raccord en L le tuyau d'alimentation en eau.

7 Enlevez le couvercle de la boîte électrique du lave-vaisselle. Insérez un cordon de calibre 12 dans la boîte électrique. Dénudez les fils sur $1/2$ po avec une pince à usages multiples. À l'aide de serre-fils, raccordez les fils noirs ensemble, puis les fils blancs. Attachez le fil vert à la vis de mise à la terre. Remettez le couvercle sur la boîte ; remettez le panneau de service.

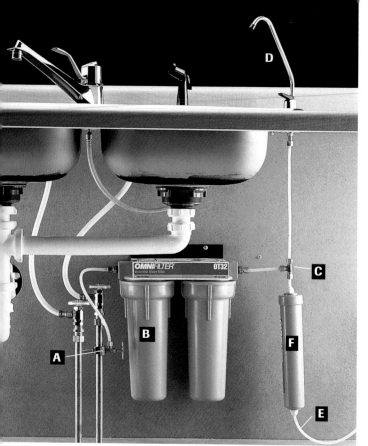

Installation sous l'évier d'un dispositif d'épuration de l'eau

Le dispositif d'épuration de l'eau au point d'utilisation est facile à installer sous l'évier. Il fournit une eau de meilleur goût et plus sûre, puisqu'il en réduit la concentration du plomb, du chlore, de la rouille, des nitrates/nitrites et des autres contaminants.

Même si la plupart des dispositifs s'installent de manière identique, suivez les instructions du fabricant. Notre installation comprend un second filtre destiné à l'alimentation de la machine à glaçons du réfrigérateur. Si vous décidez de ne pas installer ce filtre, vous raccorderez le filtre principal directement au robinet d'eau de boisson. Ce dernier, fourni avec la plupart des dispositifs, s'installe de la même manière qu'un robinet ordinaire (page 194).

Éléments du dispositif d'épuration de l'eau installé sous l'évier : robinet-vanne à étrier (A), filtre (B), raccord en T (C), robinet d'eau de boisson (D), tuyau de la machine à glaçons du réfrigérateur (E). Un filtre supplémentaire (F) peut être installé pour la machine à glaçons.

Tout ce dont vous avez besoin

Outils : perceuse, clés.

Matériel : tuyau souple de ¼ po en vinyle tressé, robinet-vanne à étrier, raccords à compression en laiton, raccord en T, dispositif de filtration de l'eau au point d'utilisation, filtres, filtre pour machine à glaçons du réfrigérateur (facultatif).

Installation sous l'évier d'un dispositif d'épuration de l'eau

1 Montez le filtre sous l'évier selon les instructions du fabricant. Fermez le robinet d'alimentation principal de la maison ; installez ensuite un robinet-vanne à étrier sur le tuyau d'alimentation en eau froide (page 211), en veillant à ce que ce robinet soit fermé. Raccordez un tuyau souple en vinyle tressé au point d'entrée du filtre et au robinet-vanne. Attachez un tuyau soupe en vinyle tressé au point de sortie du filtre. Si vous installez un filtre pour la machine à glaçons, attachez un raccord en T à l'extrémité libre de ce tuyau (photo du haut de la page).

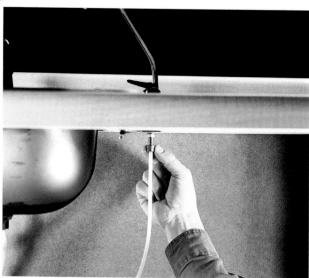

2 En suivant les instructions du fabricant, installez sur le plan de travail le robinet d'eau de boisson. Raccordez un tuyau souple en vinyle tressé à l'about du robinet et à l'ouverture supérieure du raccord en T (ou directement au filtre, si vous n'installez pas de filtre pour la machine à glaçons). Raccordez le filtre de la machine à glaçons à l'autre ouverture du raccord en T, puis installez un tuyau souple se rendant à la machine à glaçons. Rouvrez le robinet d'arrêt principal de la maison, puis le robinet-vanne à étrier. Vérifiez l'étanchéité de tous les raccordements.

Installation d'un dispositif d'épuration de l'eau au point d'entrée

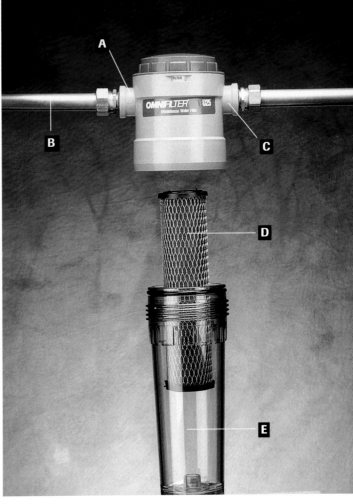

Ce type de dispositif d'épuration de l'eau s'installe sur la canalisation d'alimentation de la maison, en aval du compteur d'eau, mais en amont de tout autre appareil. Il réduit la concentration des contaminants dans l'eau de la même manière que le dispositif installé au point d'utilisation ; en outre, il abaisse la teneur en fer de l'eau arrivant à l'adoucisseur, ce qui en prolonge la vie utile.

Suivez les instructions du fabricant de votre dispositif. Si votre installation électrique est mise à la terre par raccordement à la tuyauterie d'eau, n'oubliez pas de poser un collier de mise à la terre de chaque côté du dispositif et de relier ceux-ci à l'aide d'un cavalier (page 56). Des robinets à soupape (page 211) doivent être installés à moins de 6 po de l'entrée et de la sortie du filtre.

L'élément filtrant doit être remplacé à intervalles de quelques mois, selon le fabricant. Le couvercle du filtre se dévisse et donne accès à l'élément filtrant.

Éléments du dispositif d'épuration de l'eau au point d'entrée : entrée (A), tuyau d'alimentation provenant du compteur d'eau (B), sortie reliée au tuyau d'alimentation de la maison (C), élément filtrant (D), couvercle du filtre.

Tout ce dont vous avez besoin

Outils : mètre à ruban, coupe-tuyau, clés.

Matériel : dispositif d'épuration au point d'entrée, filtres.

Installation d'un dispositif d'épuration de l'eau au point d'entrée

1 Fermez le robinet d'arrêt principal de la maison et ouvrez quelques robinets pour vidanger les tuyaux. Placez le dispositif en aval du compteur d'eau, mais en amont de tout autre appareil. Mesurez et marquez la partie de tuyau à découper pour l'installation du dispositif. À l'aide d'un coupe-tuyau, tranchez le tuyau le long des marques. Reliez le tuyau provenant du compteur d'eau à l'entrée du dispositif et le tuyau alimentant la maison à la sortie du dispositif. Serrez les raccords avec une clé.

2 Mettez un élément filtrant dans le couvercle et vissez ce dernier à la base du dispositif d'épuration. Posez des colliers de mise à la terre de chaque côté du dispositif et reliez-les avec un cavalier (page 56). Rouvrez le robinet d'arrêt principal. Laissez les robinets couler quelques minutes, pendant que vous vérifiez le bon fonctionnement du dispositif.

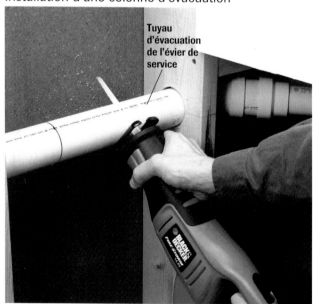

Installation d'une colonne d'évacuation de lave-linge

Même si, dans de nombreuses maisons, le tuyau d'évacuation du lave-linge est accroché au rebord de l'évier de service, ce type d'installation est déconseillé par les codes du bâtiment. Vous devriez installer une colonne d'évacuation permettant au lave-linge de se vider directement dans le tuyau d'évacuation de l'évier de service.

Beaucoup de maisonneries vendent des colonnes d'évacuation munies d'un siphon. La plupart des codes requièrent une colonne de 2 po de diamètre. L'extrémité supérieure de la colonne doit être plus élevée que le plus haut niveau de l'eau dans le lave-linge, et la colonne doit mesurer au moins 34 po.

Des robinets à bec fileté installés sur les tuyaux d'eau froide et d'eau chaude commandent l'alimentation du lave-linge.

Lave-linge muni d'une colonne d'évacuation : boyau d'évacuation du lave-linge (A), colonne d'évacuation de 2 po avec siphon (B), canalisation d'évacuation (C), tuyau d'évacuation de l'évier de service (D), tuyaux d'eau chaude et d'eau froide munis de robinets à bec fileté (E), boyaux d'alimentation en caoutchouc du lave-linge.

Tout ce dont vous avez besoin

Outils : mètre à ruban, scie alternative, perceuse.

Matériel : colonne d'évacuation de 2 po avec siphon, raccord en Y de 2 po, raccord en T d'évacuation, supports de tuyau, vis de 2 ½ po, vis de ½ po, robinets à bec fileté, deux boyaux d'alimentation en caoutchouc.

Installation d'une colonne d'évacuation

1 Sur la canalisation d'évacuation, mesurez et marquez la position et la longueur du raccord en T d'évacuation. À l'aide d'une scie alternative, tranchez entre les marques le tronçon de tuyau. Effectuez les coupes le plus droites possible.

2 Avec un couteau universel, ébarbez les extrémités de tuyau. Vérifiez si le raccord en Y d'évacuation s'adapte bien à la canalisation. Si c'est le cas, fixez-le à l'aide de colle à solvant (pages 58-61).

3 Attachez sans les coller un coude à 90° et une colonne de 2 po (avec siphon) au raccord en Y d'évacuation. Veillez à ce que l'extrémité supérieure de la colonne soit plus élevée que le plus haut niveau d'eau du lave-linge (minimum 34 po). Raccordez tous les éléments avec de la colle à solvant.

4 Derrière l'extrémité supérieure de la colonne, fixez une entretoise de 2 po X 4 po avec des vis de 2 ½ po. Attachez la colonne à l'entretoise à l'aide d'un support à tuyau et de vis de ½ po. Insérez dans la colonne le boyau d'évacuation du lave-linge.

Raccordement des tuyaux d'eau

Installez des robinets à bec fileté sur les tuyau d'alimentation de l'évier. Fermez le robinet d'arrêt principal de la maison et videz les tuyaux. À une distance de 6 po à 12 po du robinet de l'évier, coupez les deux tuyaux et brasez sur chacun un raccord en T fileté (pages 46-50). Avec deux tôles, protégez les surfaces de bois contre la flamme du chalumeau. Enroulez du ruban d'étanchéité autour des filets des robinets à bec fileté et vissez-les dans les raccords en T. Fixez un boyau de caoutchouc à chacun des becs filetés et raccordez ces boyaux aux orifices d'entrée appropriés du lave-linge.

Des boîtiers encastrés pour lave-linge sont offerts sur le marché pour installation dans les salles de buanderie finies. Les tuyaux d'alimentation et la colonne d'évacuation se trouvent au même endroit. Les robinets à bec fileté, les tuyaux d'alimentation et le boyau d'évacuation du lave-linge doivent demeurer facilement accessibles.

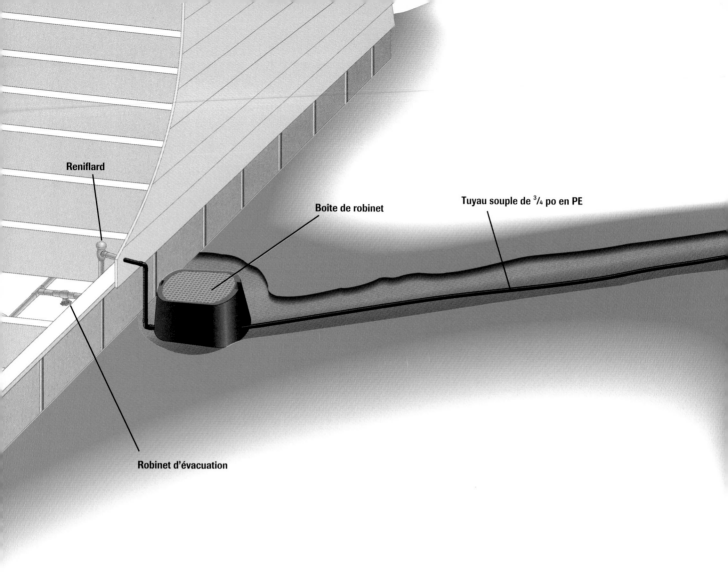

Reniflard

Boîte de robinet

Tuyau souple de $^3/_4$ po en PE

Robinet d'évacuation

Installation d'une tuyauterie extérieure

On se sert d'un tuyau souple de polyéthylène (PE) (pages 62-63) pour prolonger une tuyauterie d'eau froide jusqu'à un appareil extérieur tel un évier de garage ou de remise, un système d'arrosage automatique de pelouse ou un robinet pour tuyau d'arrosage. Dans les climats doux, la tuyauterie extérieure peut rester en service toute l'année, mais, dans les régions où il gèle, on doit vidanger les tuyaux ou en chasser l'eau avec de l'air comprimé pour éviter qu'ils éclatent lorsque le sol gèle.

Dans les pages suivantes, vous apprendrez à prolonger des tuyaux d'alimentation de la maison jusqu'à l'évier de service d'un garage. Ce dernier s'évacue dans un puits sec ménagé dans le jardin. Ce type de puits n'est destiné qu'à recevoir des eaux usées légères, telles les eaux de rinçage savonneuses des vêtements de travail ou outils que l'on lave.

Il ne faut jamais y déverser des matières septiques, tels des restes d'aliments ou des excréments d'animaux. Il ne faut jamais verser de peintures, liquides à base de solvant ou matières solides dans un évier qui s'évacue dans un puits sec. Ces matières obstrueront rapidement le système et finiront par polluer la nappe phréatique.

Comme l'évier intérieur, l'évier de service du garage est muni d'un tuyau d'évent relié au siphon. Ce tuyau peut sortir par le toit (page 169) ou par un mur du garage. L'extrémité du tuyau d'évent est recouverte d'un grillage qui empêche les oiseaux et les insectes d'y pénétrer.

Avant de creuser la tranchée de votre tuyauterie extérieure, demandez aux compagnies de gaz, d'électricité, de téléphone et d'eau de marquer l'emplacement de leurs canalisations enfouies.

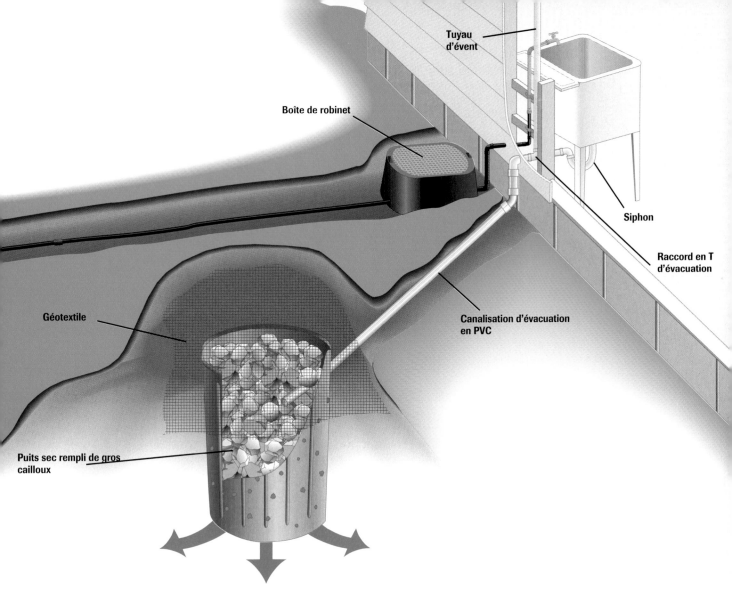

Tuyau d'évent

Boîte de robinet

Siphon

Raccord en T d'évacuation

Géotextile

Canalisation d'évacuation en PVC

Puits sec rempli de gros cailloux

Photo reproduite avec l'autorisation de Hunter Industries

L'installation d'un **système d'arrosage automatique de pelouse** fait appel aux mêmes techniques de base que celle d'une tuyauterie d'évier de service extérieur. Ces systèmes varient d'un fabricant à l'autre ; dans votre planification du réseau, vous devez donc suivre les recommandations du fabricant. Voir page 151.

Installation d'une tuyauterie extérieure pour un évier de garage

1 Planifiez le parcours optimal du tuyau qui, relié à un tuyau d'eau froide de ¾ po dans le sous-sol, se rendra jusqu'à l'évier extérieur. Pratiquez une ouverture de 1 po dans la lisse. Pratiquez la même ouverture à l'endroit où le tuyau entrera dans le garage. Avec des pieux ou de la peinture en bombe aérosol, tracez sur le sol du jardin le parcours que suivra le tuyau.

2 Sur le tracé du parcours, retirez le gazon à l'aide d'une bêche plate sur une largeur de 8 po à 12 po. Mettez les plaques de gazon de côté et arrosez-les pour les empêcher de sécher. Vous les réutiliserez. Creusez une tranchée présentant une faible pente (⅛ po par pied) descendant vers la maison. Celle-ci doit avoir au moins 10 po de profondeur en son point le moins profond. Servez-vous d'une longue pièce de 2 po X 4 po et d'un niveau pour vérifier la pente de la tranchée.

3 Sous l'ouverture d'accès pratiquée dans la solive, creusez un petit puits et placez-y une boîte de robinet en plastique, de manière que sa partie supérieure soit au niveau du sol. Déposez une couche épaisse de gravier au fond de la boîte. Faites la même chose à l'autre extrémité de la tranchée, à l'endroit où la canalisation d'eau entrera dans le garage.

4 Au fond de la tranchée, faites courir un tuyau de ¾ po en PE, de la maison jusqu'à l'endroit où se trouvera l'évier. Au besoin, servez-vous d'un raccord inséré et de colliers de serrage en acier inoxydable pour relier les tronçons de tuyau.

CONSEIL : Pour faire passer un tuyau sous un trottoir, attachez un bout de tuyau de PVC rigide à un tuyau d'arrosage à l'aide d'un adaptateur. Installez un bouchon sur l'extrémité du tuyau ; pratiquez au centre du bouchon un trou de $^1/_8$ po. Ouvrez le robinet et servez-vous du jet d'eau à haute pression pour creuser un tunnel sous le trottoir.

Coude

Raccord en T avec bouchon

Boîte à robinet vue en coupe

5 À chaque extrémité de la tranchée, faites passer le tuyau dans la boîte de robinet et faites-le monter dans le mur en vous servant d'un coude cannelé pour assurer l'angle de 90°. Installez dans la boîte un raccord en T cannelé dont l'ouverture est filetée. Cette ouverture doit être orientée vers le sol. Insérez un bouchon mâle fileté dans l'ouverture du raccord en T. Consultez les pages 62-63 pour savoir comment relier les tuyaux et raccords de PE.

6 Servez-vous de coudes cannelés pour prolonger le tuyau dans le sous-sol et dans le garage. Ensuite, attachez le tuyau à la fondation à l'aide de bandes à tuyau et de vis à maçonnerie.

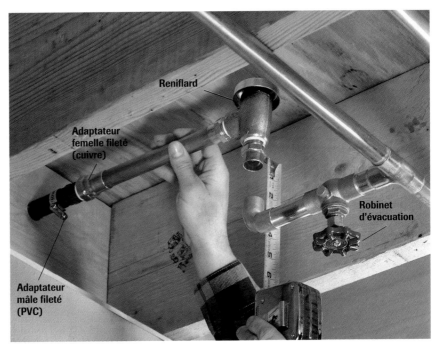

Reniflard

Adaptateur femelle fileté (cuivre)

Adaptateur mâle fileté (PVC)

Robinet d'évacuation

7 Dans le sous-sol, fabriquez la transition entre le tuyau de PE et le tuyau de cuivre à l'aide d'un adaptateur mâle fileté en PVC, d'un adaptateur femelle fileté en cuivre, d'un reniflard, d'un robinet d'évacuation et d'un raccord en T de cuivre, tel qu'illustré. Le robinet d'évacuation est muni d'un bouchon que l'on peut retirer pour souffler de l'air comprimé dans le tuyau afin d'en chasser l'eau avant le gel hivernal.

(suite à la page suivante)

Installation d'une tuyauterie extérieure pour un évier de garage (suite)

8 Dans le garage, attachez un adaptateur mâle fileté en PVC à l'extrémité du tuyau de PE ; servez-vous ensuite d'un adaptateur femelle fileté en cuivre, d'un coude et d'un adaptateur mâle fileté pour fabriquer une colonne montante de cuivre se terminant par un robinet en laiton à bec fileté. Une fois le tuyau d'alimentation installé, remplissez la tranchée en tassant bien le sol. Installez l'évier de service, avec un siphon de 1 ½ po et un raccord en T d'évacuation (page 147). Pratiquez dans le mur une ouverture de 2 po à l'endroit où le tuyau d'évacuation de l'évier sortira du garage.

9 À une distance d'au moins 6 pi du garage, creusez un puits d'environ 2 pi de diamètre et de 3 pi de profondeur. Trouez le fond et la paroi d'une vieille poubelle ; pratiquez une ouverture de 2 po dans la paroi de celle-ci, à environ 4 po du bord supérieur. Insérez la poubelle dans le puits ; le bord supérieur de celle-ci devrait se trouver à environ 6 po sous le niveau du sol. Faites courir un tuyau d'évacuation de 1 ½ po en PVC, de l'évier jusqu'au puits (page 147). Remplissez le puits de gros cailloux, puis recouvrez-le d'un géotextile. Remplissez de terre la tranchée et le dessus du puits et remettez-y les plaques de gazon. Faites sortir par le toit ou par le mur du garage un tuyau d'évent relié au raccord en T d'évacuation de l'évier (page 169).

Préparation de la tuyauterie extérieure en vue du gel hivernal

Fermez le robinet d'évacuation du tuyau d'alimentation extérieur ; enlevez ensuite le bouchon du mamelon d'évacuation. En laissant ouvert le robinet à bec fileté de l'évier, attachez le tuyau d'un compresseur d'air au mamelon du robinet ; chassez l'eau du système avec une pression d'air maximale de 50 lb/po². Retirez le bouchon du raccord en T des deux boîtes de robinet et rangez les bouchons pour l'hiver.

Composantes d'un système d'arrosage automatique souterrain

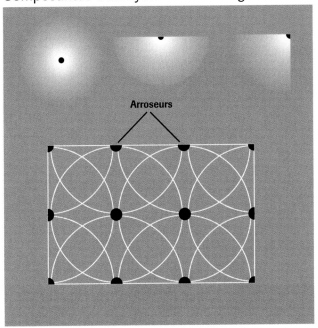

Arroseurs

Photo reproduite avec l'autorisation de Hunter Industries

Une **disposition optimale du système** est essentielle à l'arrosage adéquat de toutes les parties de votre jardin. Il existe des arroseurs à 90°, à 180° et à 360° qui peuvent rejoindre tous les coins du jardin. Dans la plupart des cas, vous diviserez votre jardin en plusieurs zones dont l'arrosage sera commandé séparément. Grâce à une minuterie (photo ci-dessous), vous pouvez programmer le début et la fin de l'arrosage de chacune des zones.

Un **manifold de robinets** est un groupe de robinets servant à commander l'arrosage des diverses zones du jardin. Certains modèles sont enfouis dans une boîte, d'autres sont installés au-dessus du sol. Lorsqu'une minuterie est utilisée, chacun des robinets doit être câblé séparément.

Photo reproduite avec l'autorisation de Hunter Industries

Photo reproduite avec l'autorisation de Hunter Industries

La **minuterie d'un système d'arrosage** peut être programmée de manière à commander automatiquement toutes les zones d'un système d'arrosage. Les modèles de luxe commandent jusqu'à 16 zones et sont munis d'un détecteur de pluie qui arrête le système lorsqu'il n'est pas nécessaire d'arroser.

Les **arroseurs** sont offerts en de nombreux styles qui permettent des modèles de pulvérisation variés. Les tuyaux souples enfouis relient les arroseurs à des raccords à élément autoperceur installés sur les canalisations d'eau souterraines.

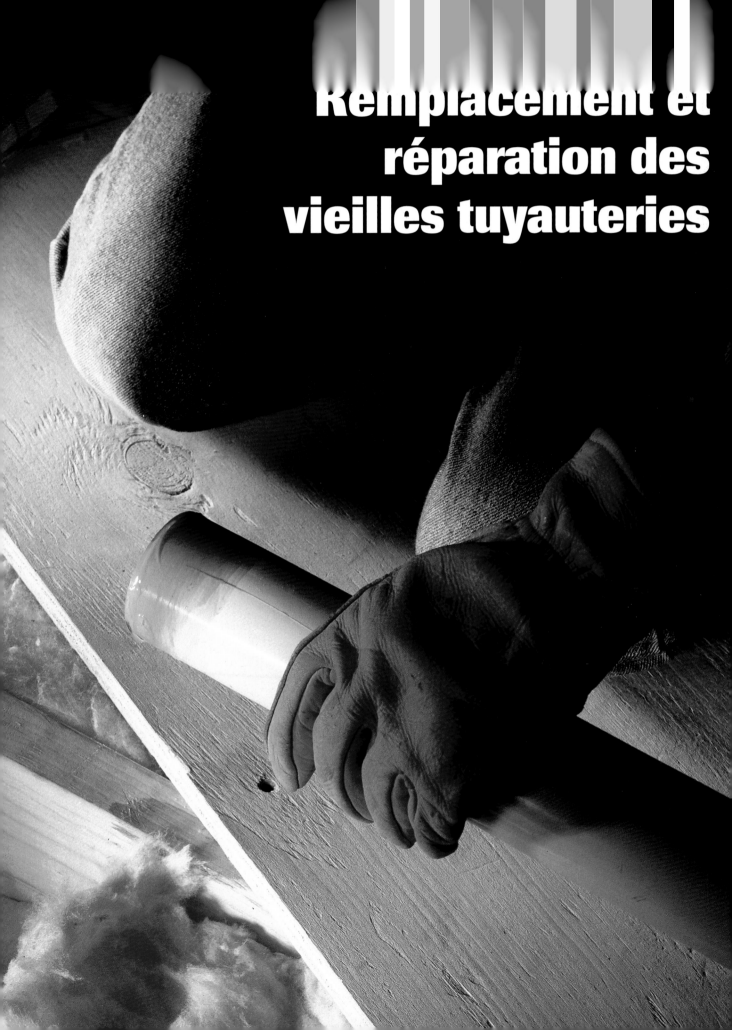

Remplacement et réparation des vieilles tuyauteries

Remplacement d'une vieille tuyauterie

Les tuyaux de plomberie, comme tous les matériaux de construction, finissent par s'user et doivent être remplacés. Si vous devez fréquemment réparer des tuyaux rouillés qui fuient, le moment est peut-être venu pour vous de songer à remplacer toute l'installation de plomberie. Un tuyau d'alimentation rouillé qui éclate durant votre absence peut causer des milliers de dollars de dommages aux murs, aux éléments de charpente et à vos meubles.

Si vous connaissez les matériaux utilisés dans votre installation, vous serez mieux à même de juger si le remplacement est souhaitable. Si vous avez des tuyaux d'acier galvanisé, par exemple, il est presque certain que vous devrez bientôt les remplacer : la plupart de ces tuyaux ont été installés avant 1960 et leur durée de vie maximale est de 30 à 35 ans. Par contre, si votre installation est composée de tuyaux d'alimentation en cuivre et de tuyaux d'évacuation en plastique, vous pouvez dormir en paix. Il est probable que ces tuyaux ont été installés au cours des 30 dernières années et, s'ils ont été correctement posés, ils sont considérés comme plus durables que l'acier.

Le remplacement d'une vieille tuyauterie s'accompagne presque toujours d'un travail de démolition ou de menuiserie. Même dans le meilleur des cas, vous jugerez sans doute nécessaire d'ouvrir murs et planchers pour y faire passer les nouveaux tuyaux. C'est pourquoi on remplace souvent une vieille tuyauterie en même temps qu'on procède à la rénovation de la cuisine ou d'une salle de bain. Si possible, laissez les vieux tuyaux en place. Pour gagner du temps, les entrepreneurs en plomberie ne les enlèvent que s'ils gênent le passage des nouveaux tuyaux.

Un projet de rénovation de plomberie est soumis aux mêmes exigences réglementaires qu'une nouvelle installation. Consultez toujours l'inspecteur de votre localité (pages 24-29) avant de remplacer une vieille tuyauterie.

La présente section contient de l'information sur les sujets suivants :

- Évaluation de votre plomberie (pages 156-157)
- Sommaire des étapes (pages 158-159)
- Planification des parcours de tuyau (pages 160-163)
- Remplacement de la colonne de chute (pages 164-169)
- Remplacement des canalisations d'évacuation et d'évent (pages 170-173)
- Remplacement du tuyau d'évacuation d'une toilette (pages 174-175)
- Remplacement de tuyaux d'alimentation (pages 176-177)

Options de remplacement

Remplacement partiel : vous ne remplacez que les éléments de votre installation qui sont défectueux. Cela se fait plus rapidement et plus économiquement qu'un remplacement complet, mais ce n'est qu'une solution temporaire. Les vieux tuyaux continueront de vous causer des problèmes tant que vous ne les aurez pas tous remplacés.

Remplacement complet : vous remplacez tous les tuyaux. C'est un travail ambitieux, certes, mais si vous vous chargez des travaux vous économiserez des milliers de dollars. Pour réduire au minimum les inconvénients, vous pouvez procéder par phases et ne remplacer qu'une partie de l'installation à la fois.

Évaluation de votre plomberie

Facteurs d'alimentation	Nombre minimum de gallons/minute
10	8
15	11
20	14
25	17
30	20

La **capacité minimale d'alimentation en eau** se fonde sur la charge hydraulique totale de l'installation, laquelle se mesure en facteurs d'alimentation, le facteur d'alimentation étant une unité normalisée attribuée par le code de plomberie. Commencez par additionner les facteurs d'alimentation de tous les appareils de votre installation (page 26). Exécutez ensuite l'essai de capacité d'alimentation de la manière décrite ci-dessous. Enfin, comparez votre alimentation en eau aux valeurs minimales indiquées sur le tableau. Si la capacité minimale d'alimentation est inférieure à la valeur recommandée sur le tableau, c'est que la conduite d'eau reliant le réseau municipal à votre maison est inadéquate. Vous devrez demander à un entrepreneur de la remplacer par une conduite de plus grand diamètre.

Au moment où vous vous apercevrez qu'un tuyau d'alimentation ou d'évacuation fuit, il se peut que les dommages causés aux murs et aux plafonds de votre maison soient déjà considérables. Les conseils prodigués dans ces pages vous aideront à reconnaître les signes avant-coureurs de la défectuosité de votre installation de plomberie.

Une bonne évaluation de votre installation vous permettra de repérer les vieux tuyaux faits de matériaux peu fiables et de prévoir les problèmes. C'est aussi un bon moyen de vous épargner argent et ennuis. En effet, mieux vaut remplacer votre vieille tuyauterie quand vous le décidez, avant qu'un sinistre se produise, plutôt que de devoir embaucher un entrepreneur pour vous tirer du pétrin.

Rappelez-vous que le réseau de tuyaux caché dans les murs de votre maison ne constitue qu'une partie de votre installation de plomberie. Vous devez également évaluer la conduite d'eau principale et la canalisation d'égout qui relient votre foyer aux services municipaux pour vous assurer qu'elles sont en bon état avant de remplacer votre tuyauterie.

Essai de capacité d'alimentation en eau

1 Coupez l'eau en fermant le robinet d'arrêt principal situé à proximité du compteur d'eau, puis détachez le tuyau en aval du compteur. Fabriquez un bec d'essai avec un coude de PVC de 2 po de diamètre et deux bouts de tuyaux de PVC de même diamètre. Glissez le bec sur l'ouverture du robinet. Placez sous le bec un grand bassin étanche qui recueillera l'eau.

2 Ouvrez le robinet d'arrêt principal et laissez l'eau s'écouler dans un contenant pendant 30 secondes. Refermez le robinet. Mesurez l'eau dans le contenant et multipliez cette quantité par deux pour trouver le débit d'alimentation en gallons/minute. Comparez ce débit à la valeur recommandée du tableau.

Symptômes d'une mauvaise plomberie

La présence de **taches de rouille** dans les cuvettes, les lavabos ou les éviers signale souvent une corrosion excessive des tuyaux d'alimentation en fer. Ce symptôme signifie généralement que votre installation d'alimentation sera bientôt défectueuse. Note : Les taches de rouille peuvent également être causées par un chauffe-eau défectueux ou par une eau très minéralisée. Vérifiez si c'est ou non le cas avant de présumer que vos tuyaux sont en mauvais état.

Une **pression faible** dans les appareils sanitaires laisse supposer que les tuyaux d'alimentation sont soit partiellement obstrués, soit de diamètre trop petit. Pour mesurer la pression d'eau, bouchez l'ouverture d'évacuation de l'appareil et ouvrez le robinet pendant 30 secondes. Mesurez la quantité d'eau écoulée et multipliez-la par deux pour obtenir le débit en gallons/minute. Le robinet d'un lavabo devrait fournir 1 $\frac{3}{4}$ gallon/minute, celui de la baignoire 6 gallons/minute, et celui de l'évier de cuisine 4 $\frac{1}{2}$ gallons/minute.

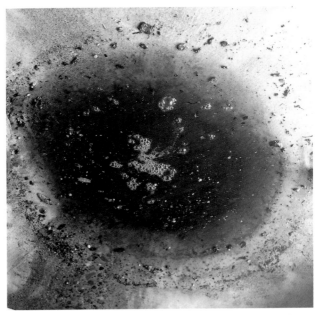

La **lenteur de l'évacuation** des appareils sanitaires de toute la maison indique parfois que les tuyaux d'évacuation sont obstrués par de la rouille ou des dépôts minéraux. Si vous ouvrez complètement le robinet d'un appareil et que l'ouverture d'évacuation n'est pas fermée, l'eau ne devrait pas s'accumuler dans l'appareil. Note : La lenteur de l'évacuation peut aussi être causée par un évent inadéquat. Vérifiez si c'est ou non le cas avant de présumer que les tuyaux d'évacuation sont en mauvais état.

Le **refoulement d'un avaloir de sol** indique que la canalisation d'égout reliée au réseau municipal est obstruée. Si cette situation se répète souvent, avant de remplacer votre installation demandez à un entrepreneur qualifié d'évaluer la canalisation d'égout. Celui-ci sera en mesure de vous dire s'il s'agit d'une obstruction temporaire ou d'un problème plus grave requérant des travaux importants.

157

Remplacement d'une vieille tuyauterie : Sommaire des étapes

Voici le sommaire illustré des étapes de base que vous devrez franchir pour remplacer les tuyaux d'alimentation ou d'évacuation. Ces étapes seront expliquées en détail dans les pages suivantes : nous remplacerons tous les tuyaux d'alimentation et d'évacuation d'une salle de bain ainsi que la colonne de chute s'élevant du sous-sol juqu'au toit de la maison.

N'oubliez pas que les projets de plomberie ne sont pas tous identiques ; le vôtre différera sûrement des projets modèles proposés dans la présente section. Travaillez toujours de concert avec l'inspecteur en plomberie de votre localité et fondez votre travail sur un plan de plomberie détaillé indiquant toutes les particularités de votre projet. Avant de vous lancer, passez en revue les pages 18-31 du présent *Guide*.

1 Planifiez les parcours des nouveaux tuyaux. Pour que l'installation soit facile, concevez-les de manière intelligente et logique. Dans certains cas, vous devrez ouvrir des murs ou des planchers. Comme solution de rechange, vous pouvez construire un faux mur, appelé « mur de service » (page 160), dans lequel courront les nouveaux tuyaux.

2 Enlevez les parties de la vieille colonne de chute qui doivent être remplacées, puis fabriquez-en une nouvelle qui partira de la canalisation d'évacuation principale du sous-sol et se rendra jusqu'au toit. Intégrez les raccords dont vous aurez besoin pour le branchement des tuyaux secondaires d'évacuation et d'évent.

3 À partir de la colonne de chute, installez les nouveaux tuyaux secondaires d'évacuation se rendant aux divers appareils sanitaires. Si ces appareils restent au même endroit, vous devrez peut-être enlever des tronçons des anciens tuyaux pour installer les nouveaux.

4 Ôtez le vieux coude de toilette et remplacez-le par un nouveau, relié à la nouvelle colonne de chute. Pour ce faire, vous devrez généralement enlever une partie du plancher. En outre, il vous faudra peut-être construire un cadre pour créer le chemin destiné au tuyau d'évacuation de la toilette.

5 Enlevez les tuyaux d'évent qui partent des appareils et se rendent au grenier ; remplacez-les par des nouveaux tuyaux que vous raccorderez à la nouvelle colonne de chute.

6 Installez de nouveaux tuyaux de cuivre pour relier les appareils sanitaires au compteur d'eau. Faites l'essai des nouveaux tuyaux d'alimentation et d'évacuation, puis faites inspecter votre travail avant de refermer les murs et les planchers.

Planification des parcours de tuyau

Construisez un « mur de service ». Il s'agit d'un faux mur qui cache les nouveaux tuyaux. Il est particulièrement indiqué pour l'installation d'une nouvelle colonne de chute. Dans une maison à étages, ces « murs de service » seront construits les uns au-dessus des autres de manière que les tuyaux puissent relier directement le sous-sol et le grenier. Une fois les tuyaux installés et le travail inspecté, on recouvre le mur de panneaux auxquels on donne le même fini que celui du reste de la pièce.

Dans un projet de remplacement de vieux tuyaux, la première étape, sans doute la plus importante, consiste à planifier les parcours de tuyau. Puisque les creux entre les poteaux et entre les solives sont généralement cachés par des panneaux muraux ou par des planchers, il peut être difficile de trouver le chemin qu'emprunteront les nouveaux tuyaux.

Dans la mesure du possible, établissez des parcours rectilignes et faciles. Par exemple, plutôt que d'adapter les tuyaux d'alimentation aux angles formés par les murs et de leur faire traverser les poteaux, il est souvent plus facile de les faire monter tout droit dans les cavités murales à partir du sous-sol. Au lieu de faire passer le tuyau d'évacuation de la baignoire à travers les solives du plancher, faites-le descendre tout droit dans le sous-sol, où vous pourrez aisément le prolonger sous les solives jusqu'à la colonne de chute.

Dans certains cas, il est plus pratique de faire passer les tuyaux dans les cavités des murs ou des planchers contenant déjà des tuyaux, puisque celles-ci ont généralement été conçues pour l'installation de longs parcours. Le plan détaillé de votre installation actuelle vous aidera à planifier les parcours des nouveaux tuyaux (pages 18-23).

Pour maximiser leurs profits, les entrepreneurs évitent le plus possible d'ouvrir les murs ou d'en modifier la charpente pour installer de nouveaux tuyaux. Mais le bricoleur n'est pas soumis à cette contrainte. S'il vous semble trop difficile de faire passer les tuyaux dans des espaces clos, vous trouverez peut-être plus commode d'enlever les panneaux muraux ou bien de construire un « mur de service ».

Dans les pages suivantes, vous apprendrez quelques techniques courantes pour la création de chemins par lesquels faire passer de nouveaux tuyaux.

Conseils pour la planification des parcours de tuyau

Servez-vous des panneaux de service actuels pour débrancher les appareils et enlever les vieux tuyaux. Planifiez la position des nouveaux appareils et les parcours de tuyaux de manière à tirer parti de ces panneaux ; vous aurez ainsi à faire moins de travaux de démolition et de réparation.

Convertissez une descente de linge en un puits destiné au passage des tuyaux. La porte de la descente pourra donner accès aux robinets ; vous pouvez aussi enlever cette porte, boucher l'ouverture et finir la surface pour qu'elle se fonde avec le reste du mur.

Faites passer les tuyaux dans un placard. Vous pouvez les y laisser nus ou les cacher derrière un « mur de service » après l'inspection.

Enlevez quelques panneaux d'un plafond suspendu pour faire passer les tuyaux entre les solives. Ou bien faites courir les tuyaux le long d'un plafond ordinaire, puis construisez un plafond suspendu pour les cacher, si la hauteur libre de la pièce le permet. La plupart des codes exigent un dégagement minimal de 7 pi entre le plancher et la surface du plafond.

(suite à la page suivante)

Conseils pour la planification des parcours de tuyau (suite)

Servez-vous d'une rallonge de perceuse munie d'un foret à trois pointes ou d'une scie-cloche pour pratiquer des ouvertures dans les lisses à partir du grenier ou du sous-sol.

Repérez les murs contenant déjà des tuyaux. Ils peuvent être utiles pour les longs parcours verticaux de nouveaux tuyaux. Le vide y est généralement dégagé, sans coupe-feu ni isolant.

Sondez les vides des murs et planchers à l'aide d'un long tuyau de plastique afin de vous assurer que le chemin est dégagé pour le passage du nouveau tuyau (photo de gauche). Une fois le tuyau inséré dans le vide, vous pourrez vous en servir pour guider un tuyau d'évacuation de plus grand diamètre (photo de droite).

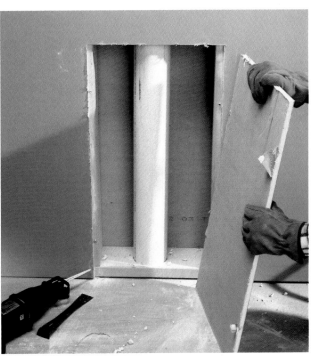

Enlevez une partie du plancher, au besoin. Du fait que le remplacement d'une toilette ou d'une baignoire nécessite l'enlèvement d'une partie du plancher, le remplacement complet de la tuyauterie se fait souvent en même temps que la rénovation d'une salle de bain.

Enlevez une partie du recouvrement mural lorsque l'accès par le dessus ou par le dessous du mur est impossible. Il peut s'agir d'enlever une étroite bande de recouvrement ou toute la surface du mur. Enlevez une partie du mur jusqu'aux centres des deux poteaux. En exposant les poteaux, vous disposerez d'une surface sur laquelle clouer le nouveau recouvrement, une fois le projet de plomberie terminé et inspecté.

Dressez une carte détaillée des parcours prévus pour les nouveaux tuyaux. Cette carte vous aidera à faire approuver vos plans par l'inspecteur, en plus de simplifier grandement votre travail. Si vous possédez déjà une carte de votre installation actuelle (pages 18-23), celle-ci pourra vous être utile durant la planification des nouveaux parcours de tuyau.

Remplacement de la colonne de chute

Les entrepreneurs en plomberie recommandent parfois de remplacer une colonne de chute en fonte par une colonne de plastique durant la rénovation de la plomberie. En effet, même si la corrosion ne perfore que rarement une colonne de chute en fonte, il est presque impossible d'y raccorder de nouveaux branchements d'évacuation et d'évent.

Sachez que le remplacement d'une colonne de chute n'est pas chose aisée (pages 69-71). Comme vous aurez à trancher de lourds tronçons de fonte, vous devez absolument vous faire aider. Avant d'entreprendre les travaux, assurez-vous de disposer d'un plan complet de votre installation et d'avoir conçu une colonne qui comprend tous les raccords dont vous aurez besoin pour les tuyaux d'évacuation et d'évent secondaires. Durant les travaux, aucun de vos appareils sanitaires ne pourra être utilisé. Pour accélérer la réalisation du projet et réduire au minimum les inconvénients pour votre famille, procédez à la démolition et aux travaux préliminaires de construction avant de vous attaquer à la colonne de chute.

Du fait que la colonne peut mesurer jusqu'à 4 po de diamètre, en installer une nouvelle dans les murs actuels peut se révéler particulièrement difficile. Pour contourner cette difficulté, nous avons recouru à une technique répandue : la construction, dans le coin d'une pièce, d'un « mur de service » à l'intérieur duquel la colonne montera du sous-sol jusqu'au grenier. Après l'installation, le faux mur sera recouvert de panneaux muraux et se fondra dans le reste de la pièce.

La **nouvelle colonne de chute** devrait être installée à proximité de l'ancienne. Ainsi, elle peut être branchée dans le sous-sol au raccord du regard de nettoyage attaché à l'ancienne colonne de fonte.

Remplacement d'une colonne de chute

1 Immobilisez la colonne de fonte près du plafond du sous-sol, à l'aide d'une fixation de colonne montante installée entre deux solives de plancher (page 69). Appuyez la fixation sur des blocs de bois fixés aux solives par des vis de 3 po. Immobilisez aussi la colonne dans le grenier, à l'endroit où elle pénètre dans la cavité murale. MISE EN GARDE : Une colonne de fonte qui va du sous-sol jusqu'au grenier peut peser des centaines de kilos. Ne la tranchez jamais avant de l'avoir immobilisée avec une fixation de colonne montante juste au-dessus de la ligne de coupe.

2 À l'aide d'un coupe-tuyau à chaîne (page 70), tranchez la colonne à environ 8 po au-dessus du raccord du regard de nettoyage et près du plafond, à la hauteur de la face inférieure des solives. Demandez à quelqu'un de tenir la colonne pendant la coupe. NOTE : Après avoir enlevé le tronçon, bouchez l'ouverture de la colonne avec des chiffons pour empêcher les gaz d'égout de se répandre dans la maison.

Pièce de bois

3 Clouez une pièce de bois sous les solives et l'extrémité tranchée de la colonne. À l'aide d'une scie alternative, pratiquez ensuite une ouverture de 6 po dans le plafond du sous-sol, à l'endroit où passera la nouvelle colonne. Faites pendre un fil à plomb du centre de l'ouverture pour vous guider dans l'alignement de la nouvelle colonne.

(suite à la page suivante)

Remplacement d'une colonne de chute (suite)

4 Attachez à l'ouverture du raccord de fonte un tronçon de tuyau de PVC de 5 pi de longueur et de même diamètre que l'ancienne colonne. Utilisez un raccord à colliers avec manchon de néoprène (page 70).

5 Raccordez sans les coller des coudes à 45° et des bouts de tuyau pour former une courbe se rendant jusque sous l'ouverture pratiquée dans le plafond. Alignez le tuyau en fonction de la ligne à plomb pendue du centre de l'ouverture.

6 Attachez à la colonne, sans le coller, un raccord en T comportant les entrées nécessaires au branchement des tuyaux d'évacuation qui se trouveront dans le sous-sol. Veillez à ce que la hauteur du raccord en T permette aux tuyaux d'évacuation de décrire une pente descendante de ¼ po par pied vers la colonne.

Vue en coupe du plancher

7 Déterminez la longueur du tronçon de colonne suivant en mesurant la distance séparant le raccord en T installé dans le sous-sol du raccord suivant prévu. Dans notre projet, nous avons installé un raccord en T entre les solives du plancher, à l'endroit où le tuyau d'évacuation de la toilette était branché.

8 Sciez à la bonne longueur un tronçon de tuyau en PVC, faites-le passer par l'ouverture du plafond et attachez-le au raccord en T sans le coller. NOTE : Dans le cas d'une très longue colonne, vous devrez peut-être joindre deux tronçons de tuyau ou plus à l'aide de colle à solvant et de raccords.

9 Vérifiez la longueur de la colonne, puis fixez-en tous les raccords avec de la colle à solvant. Soutenez la nouvelle colonne à l'aide d'une fixation de colonne montante. Cette fixation repose sur des blocs de bois cloués entre les solives du plafond du sous-sol.

Salle de bain

Lisse du mur de service

10 Attachez à la colonne le raccord en T d'évacuation suivant. Dans notre projet, ce raccord se trouve entre les solives du plancher et sert à brancher le tuyau d'évacuation de la toilette. Veillez à placer le raccord à une hauteur qui permettra au tuyau d'évacuation de la toilette de décrire une pente de $1/8$ po par pied.

11 Ajoutez les tronçons de tuyau supplémentaires en installant les raccords en T d'évacuation nécessaires aux endroits où les autres appareils sanitaires seront raccordés à la colonne. Dans notre projet, nous avons fixé à la colonne un raccord en T, muni d'une réduction mâle-femelle, destinée au branchement du lavabo. Veillez à placer les raccords en T de manière que les tuyaux d'évacuation secondaires décrivent la pente prescrite.

(suite à la page suivante)

12 Découpez une ouverture dans le plafond, à l'endroit où la colonne pénétrera dans le grenier. Mesurez, coupez et collez le tronçon suivant. Celui-ci doit s'élever à au moins 1 pi dans le grenier.

13 Sur le toit, enlevez le solin entourant l'ancienne colonne. Pour ce faire, vous devrez peut-être retirer quelques bardeaux. NOTE : Soyez toujours prudent lorsque vous montez sur le toit. Si vous doutez d'être capable d'exécuter le travail, confiez à un spécialiste en réparation de toiture la tâche d'enlever le vieux solin et d'en installer un nouveau autour de la nouvelle colonne.

14 Dans le grenier, enlevez les vieux tuyaux d'évent, si nécessaire. Avec un coupe-tuyau à chaîne, tranchez la vieille colonne. Faites-vous aider pour descendre la colonne hors du toit. Soutenez la vieille colonne à l'aide d'une fixation de colonne montante installée entre deux solives.

15 Sur l'extrémité de la nouvelle colonne, collez un raccord en T d'évent, muni d'une réduction mâle-femelle de 1 ½ po dans son entrée latérale. Cette entrée latérale doit être orientée vers le plus proche des tuyaux d'évent secondaires sortant du plancher du grenier.

16 Achevez l'installation de la nouvelle colonne en prolongeant celle-ci à l'aide de coudes à 45° et de bouts de tuyau, de manière qu'elle sorte de la maison par la même ouverture de toit que l'ancienne. La colonne doit dépasser de la toiture sur au moins 1 pi, mais pas plus de 2 pi.

Installation du solin de la colonne de chute

1 Détachez les bardeaux se trouvant directement au-dessus de la nouvelle colonne ; enlevez les clous avec une barre-levier. Une fois installé, le solin métallique reposera à plat sur les bardeaux entourant la colonne. Appliquez un cordon de ciment de toiture sur la face inférieure du solin.

2 Glissez le solin sur la colonne et insérez soigneusement la base de celui-ci sous les bardeaux. Appuyez fermement sur la base du solin pour étaler le ciment, puis fixez-le avec des clous à solin munis d'une garniture de caoutchouc. Reclouez les bardeaux, au besoin.

Remplacement des canalisations d'évacuation et d'évent

Dans notre projet, nous remplacerons les canalisations d'évacuation d'une baignoire et d'un lavabo. Celui de la baignoire descendra dans le sous-sol, où il se raccordera à la colonne de chute. Celui du lavabo courra horizontalement et se raccordera directement à la colonne.

Le tuyau d'évent de la baignoire montera dans le grenier, où il se raccordera à la colonne de chute. Le lavabo ne requiert pas d'évent, puisqu'il se trouve à l'intérieur de la « distance critique maximale » (page 29) par rapport à la nouvelle colonne.

Enlevez les vieux tuyaux là où ils gênent le passage des nouveaux. Vous devrez sans doute ôter les tuyaux d'alimentation et d'évacuation aux endroits où seront installés les appareils ; ailleurs, vous pourrez généralement laisser en place les tuyaux. Servez-vous d'une scie alternative munie d'une lame à métaux pour scier les tuyaux.

Remplacement des canalisations d'évacuation

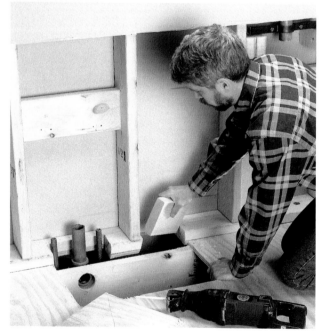

1 Planifiez le parcours des canalisations d'évacuation verticales qui descendront dans les cavités murales jusqu'au sous-sol. Dans notre projet, nous découpons une partie de la lisse pour faire passer la canalisation d'évacuation de 1 ½ po de la baignoire, du sous-sol jusqu'à la salle de bain.

2 Dans le sous-sol, pratiquez une ouverture à la base du mur, sous la partie découpée à l'étape 1. Mesurez, coupez et insérez un tronçon de tuyau dans le mur, jusqu'à la salle de bain. Vous pouvez vous servir d'un tuyau souple de PVCC pour guider le tronçon dans le mur. Dans le cas des très longs parcours, vous devrez peut-être joindre deux tronçons ou plus à l'aide de raccords.

3 Soutenez la canalisation verticale à l'aide d'une fixation de colonne montante appuyée sur des blocs de bois de 2 po X 4 po que vous aurez cloués entre les solives (page 69). Prenez garde de ne pas trop serrer la fixation.

4 Installez un tuyau horizontal partant du raccord en T d'évacuation de la colonne et se rendant à la canalisation verticale d'évacuation. Imprimez au tuyau horizontal une pente descendante de ¼ po par pied en direction de la colonne. Avec un raccord en Y et un coude à 45°, fabriquez un regard de nettoyage à l'endroit où se rencontrent la canalisation verticale et le tuyau horizontal.

5 Collez un raccord en T d'évacuation sur l'extrémité supérieure de la canalisation d'évacuation verticale. Dans le cas de l'évacuation d'une baignoire, comme ici, le raccord doit être posé sous le niveau du plancher afin de permettre l'installation d'un siphon (page 108). Vous devrez peut-être pratiquer une entaille ou une ouverture dans les solives du plancher pour raccorder le siphon au raccord en T d'évacuation (page 76).

6 Dans le grenier, pratiquez une ouverture sur le dessus du mur de la salle de bain, directement au-dessus de la canalisation d'évacuation de la baignoire. Faites courir jusqu'à la baignoire un tuyau d'évent de 1½ po que vous fixerez au raccord en T d'évacuation avec de la colle à solvant. Veillez à ce que le tuyau d'évent s'élève à au moins 1 pi dans le grenier.

(suite à la page suivante)

7 Enlevez au besoin les panneaux muraux pour pouvoir faire courir les canalisations d'évacuation horizontales des appareils jusqu'à la nouvelle colonne. Dans notre projet, nous avons relié le lavabo à la colonne avec une canalisation d'évacuation de 1½ po. Sur les poteaux exposés, marquez l'endroit où passera le tuyau. Maintenez une pente descendante de ¼ po par pied vers la colonne. Servez-vous d'une scie alternative ou d'une scie sauteuse pour faire les entailles dans les poteaux.

8 Avec des fixations de colonne montante appuyées sur des blocs cloués entre les poteaux, attachez les vieilles canalisations d'évacuation et d'évent.

9 Enlevez les vieux tuyaux d'alimentation et d'évacuation, au besoin, pour disposer de l'espace requis pour le passage des nouveaux tuyaux d'évacuation.

3 Préparez le passage des canalisations d'alimentation secondaires en pratiquant des ouvertures dans les espaces entre les poteaux. Installez des raccords en T, puis commencez la fabrication des canalisations secondaires en installant des robinets de commande en laiton. Les canalisations secondaires doivent être faites d'un tuyau de ³/₄ po de diamètre si elles alimentent plus d'un appareil, ou de ¹/₂ po de diamètre si elles n'en alimentent qu'un.

4 Prolongez les canalisations secondaires jusqu'aux appareils. Dans notre projet, nous avons fait monter des canalisations d'alimentation de ³/₄ po dans le « mur de service », jusqu'à la salle de bain. Contournez les obstacles, telle la colonne de chute, en vous servant de coudes à 45° et à 90° et de courts tronçons de tuyau.

5 Si les canalisations doivent traverser des éléments de charpente — poteaux ou solives —, pratiquez des entailles ou des ouvertures dans ceux-ci (page 76) et insérez-y les tuyaux. Pour les longs parcours, vous devrez peut-être joindre avec des raccords deux tronçons plus courts ou davantage.

6 Installez des raccords en T de réduction de ³/₄ po à ¹/₂ po et des coudes pour prolonger les canalisations secondaires jusqu'aux appareils. Dans notre salle de bain, nous avons installé des sorties d'eau chaude et d'eau froide pour le lavabo et la baignoire ainsi qu'une sortie d'eau froide pour la toilette. Mettez un capuchon sur toutes ces sorties jusqu'à ce que votre travail ait été inspecté et que la surface des murs ait été finie.

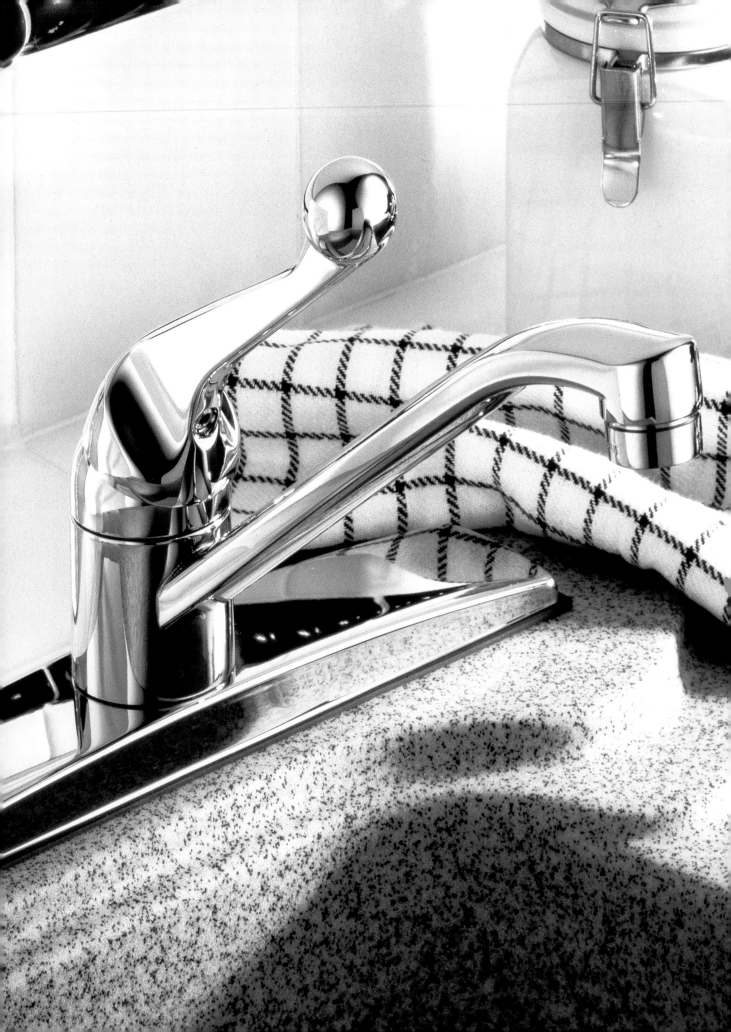

Réparation de la plomberie actuelle

Tous les propriétaires finissent un jour ou l'autre par devoir réparer leur installation de plomberie. La plupart des réparations requièrent des techniques, des outils et des instructions simples qui ne nécessitent pas l'aide d'un plombier. La présente section vous aidera à reconnaître la nature des défectuosités de la plupart des appareils de plomberie courants ainsi qu'à les corriger.

Vous trouverez dans les pages suivantes des instructions sur la réparation de robinets, des tuyaux d'alimentation, des inverseurs, des douchettes et des brise-jet aérateurs. L'information fournie sur la plomberie des douches et baignoires comprend des instructions sur la réparation des robinets et des pommes de douche. Pour ce qui est des défectuosités de la plomberie extérieure, consultez les instructions sur la réparation des robinets à bec fileté et des robinets d'arrosage.

Les défectuosités des toilettes se corrigent facilement. Vous apprendrez la manière d'en réparer les divers éléments et d'en arrêter l'écoulement constant ou les fuites.

Les pages portant sur l'obstruction des tuyaux d'évacuation contiennent des instructions sur le dégorgement de tous les types de dispositifs d'évacuation et sur la réparation des éléments de ces dispositifs.

On oublie souvent le chauffe-eau, la plupart du temps installé dans un coin à l'écart, jusqu'à ce qu'il soit défectueux. Dans la présente section, vous apprendrez comment il fonctionne, et comment le réparer ou le remplacer. La section se termine par quelques conseils sur la réparation des tuyaux éclatés, gelés ou bruyants.

Défectuosités et réparation des robinets

La plupart des défectuosités d'un robinet sont faciles à corriger; vous épargnerez temps et argent en les réparant vous-même. Les pièces de remplacement sont peu dispendieuses et faciles à trouver dans les quincailleries et les maisonneries.

Les techniques de réparation varient selon le modèle de robinet (p. 181). Si un robinet très usé continue de fuir après les réparations, c'est que le moment est venu de le remplacer. En moins d'une heure, vous pouvez installer un nouveau robinet, qui durera des années sans aucune défectuosité.

Défectuosités	Réparations
Bec qui goutte ou base qui fuit.	Déterminez le type de robinet (page 181) ; installez les pièces de rechange en suivant les instructions des pages suivantes.
Vieux robinet usé qui continue de fuir après les réparations.	Remplacez le robinet (pages 192-195).
Faible pression du jet d'eau ou jet partiellement obstrué.	1. Nettoyez le brise-jet aérateur (page 198). 2. Enlevez les tuyaux galvanisés corrodés ; remplacez-les par des tuyaux de cuivre (pages 46-51).
Faible pression du jet de la douchette ou fuite à la poignée de la douchette.	1. Nettoyez la pomme de la douchette (page 198). 2. Réparez l'inverseur (page 199).
Fuite d'eau au sol, sous le robinet.	1. Remplacez le tuyau endommagé de la douchette (page 199). 2. Resserrez les raccords d'eau ou remplacez les tuyaux d'alimentation et les robinets d'arrêt (pages 196-197). 3. Réparez la crépine de l'évier (page 229).
Bec qui goutte ou fuite autour du volant.	Démontez le robinet ; remplacez les rondelles et les joints toriques (pages 210-211).

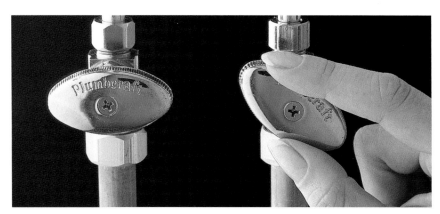

Réparation d'un robinet qui fuit

Un robinet qui fuit est le problème de plomberie le plus fréquent. La fuite se produit généralement lorsque les rondelles, joints toriques ou autres joints d'étanchéité qui se trouvent à l'intérieur du robinet s'usent ou s'encrassent. La réparation de la fuite est facile, mais les techniques de réparation varient selon le type de robinet. Avant d'entreprendre la réparation, déterminez le type du robinet et les pièces de rechange dont vous aurez besoin.

Il existe quatre types de robinets : le robinet à tournant sphérique, le robinet à cartouche, le robinet à disque et le robinet à compression. Certains modèles se reconnaissent facilement à leur apparence ; d'autres doivent être démontés aux fins d'identification.

Le modèle à compression est souvent utilisé pour les robinets à deux volants. Les robinets de ce type sont tous munis de rondelles ou de joints d'étanchéité qui doivent être remplacés de temps à autre. Les pièces de rechange ne coûtent pas cher, et la réparation est facile.

Les robinets à tournant sphérique, à cartouche et à disque sont connus sous l'appellation générique de « robinets sans rondelle ». Bon nombre de robinets sans rondelle sont commandés par un volant unique, bien que certains modèles à cartouche fassent appel à deux volants. Les robinets sans rondelle sont plus fiables que les robinets à compression et sont conçus de manière que leur réparation soit rapide.

Achetez toujours des pièces de remplacement identiques aux pièces d'origine du robinet que vous réparez. Dans le cas des robinets sans rondelle, les pièces s'identifient au moyen d'une marque de commerce et d'un numéro de modèle. Pour être sûr d'acheter les bonnes pièces de rechange, apportez les pièces usées au magasin.

Cartouche

Bec

Aérateur

Chambre de mélange

Tuyau d'alimentation en eau chaude

Tuyau d'alimentation en eau froide

Le **robinet typique** est muni d'un volant unique relié à une cartouche creuse qui commande l'écoulement de l'eau chaude et de l'eau froide provenant des tuyaux d'alimentation et passant par la chambre de mélange. L'eau poussée hors du bec traverse le brise-jet aérateur. Lorsque des réparations sont nécessaires, remplacez toute la cartouche.

Coupez l'eau avant de réparer le robinet ; vous devez fermer soit les robinets d'arrêt de l'appareil, soit le robinet d'arrêt principal de la maison, situé près du compteur d'eau (page 12). Lorsque vous rouvrez les robinets d'arrêt après la réparation, laissez le robinet de l'appareil ouvert pour que s'échappe l'air emprisonné. Lorsque l'eau s'écoule uniformément, refermez le robinet de l'appareil.

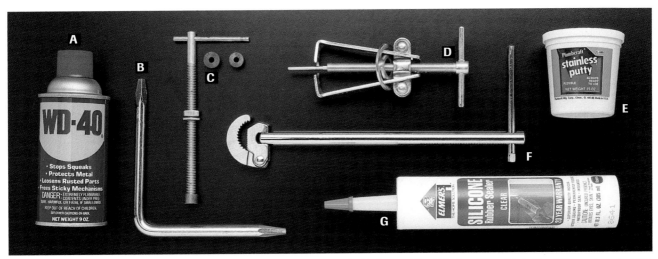

Outils et matériaux spécialisés pour la réparation des robinets : huile de dégrippage (A), clé à siège (B), rodoir à siège (C), arrache-volant (D), mastic adhésif (E), clé à lavabo (F), scellant à la silicone (G).

Identification du type de robinet

Le **robinet à tournant sphérique** comporte une manette montée sur un enjoliveur en forme de dôme. Si votre robinet correspond à cette description et qu'il est de marque Delta ou Peerless, il s'agit probablement d'un robinet à tournant sphérique. Consultez les instructions de réparation aux pages 182-183.

Le **robinet à cartouche** peut être muni d'une manette ou de deux volants. Les marques les plus populaires sont Price Pfister, Moen, Valley et Aqualine. Consultez les instructions de réparation aux pages 184-185.

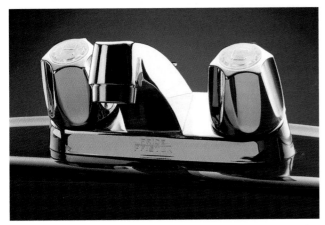

Le **robinet à compression** comporte deux volants. Lorsque vous le fermez, vous pouvez généralement sentir la compression d'une rondelle de caoutchouc à l'intérieur du robinet. Les marques de robinets à compression sont nombreuses. Consultez les instructions de réparation aux pages 186-189.

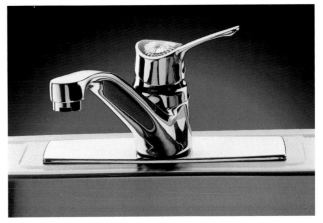

Le **robinet à disque** comporte une manette et un corps en laiton massif chromé. Si votre robinet est de marque American Standard ou Reliant, il est probablement à disque. Consultez les instructions de réparation aux pages 190-191.

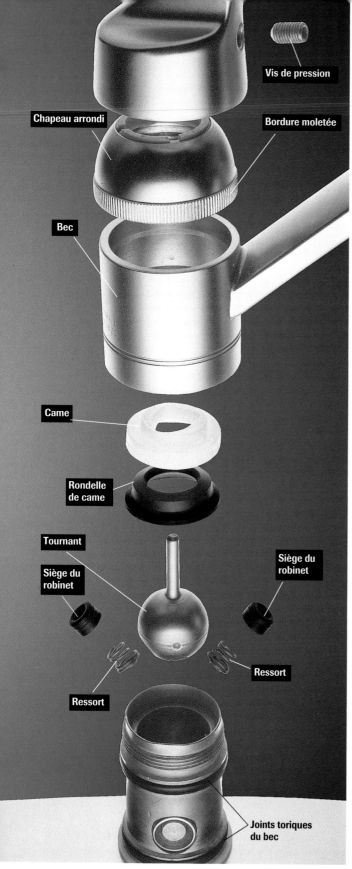

Vis de pression

Chapeau arrondi

Bordure moletée

Bec

Came

Rondelle de came

Tournant

Siège du robinet

Siège du robinet

Ressort

Ressort

Joints toriques du bec

Le **robinet à tournant sphérique** contient une boule qui commande la température et le débit d'eau. Une fuite au bec est généralement causée par des sièges ou des ressorts usés, ou par un tournant endommagé. Une fuite à la base du robinet est souvent due à l'usure des joints toriques.

Réparation d'un robinet à tournant sphérique

Le robinet à tournant sphérique est muni d'une manette ou d'une poignée unique ; on le reconnaît à la boule creuse de métal ou de plastique, appelée « tournant », qu'il renferme. Beaucoup de ces robinets comportent sous la manette un chapeau arrondi à bordure moletée. Si un robinet muni de ce type de chapeau fuit au bec, essayez de resserrer le chapeau à l'aide d'une pince multiprise. Si cela ne donne rien, démontez le robinet et remplacez-en les pièces.

Les fabricants de robinets à tournant sphérique proposent plusieurs types de trousses de réparation. Certaines ne contiennent que des ressorts et des sièges en néoprène ; les plus complets incluent la came et sa rondelle.

Ne remplacez le tournant que s'il est manifestement usé ou rayé. On trouve des tournants de rechange en métal et en plastique. Ceux de métal coûtent un peu plus cher, mais durent plus longtemps.

N'oubliez pas de couper l'eau avant d'entreprendre le travail (page 180).

Tout ce dont vous avez besoin

Outils : pince multiprise, clé hexagonale, tournevis, couteau universel.

Matériel : trousse de réparation de robinets à tournant sphérique, tournant (si nécessaire), ruban-cache, joints toriques, graisse résistant à la chaleur.

Tournant de rechange

Outil à clé hexagonale

La **trousse de réparation** de robinets à tournant sphérique contient des sièges en caoutchouc, des ressorts, une came, une rondelle de came et des joints toriques de bec. Certaines renferment un petit outil à clé hexagonale servant à enlever la manette. Vérifiez bien si la trousse convient à votre modèle de robinet. On peut se procurer séparément un tournant de rechange, mais celui-ci n'est nécessaire que si le tournant actuel est manifestement usé.

Réparation d'un robinet à tournant sphérique

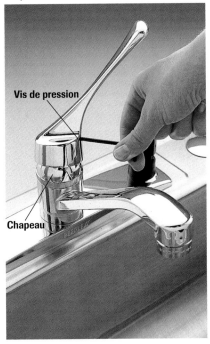

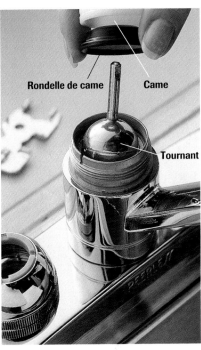

1 À l'aide d'une clé hexagonale, desserrez la vis de pression de la poignée. Retirez la poignée pour exposer le chapeau du robinet.

2 Retirez le chapeau avec une pince multi-prise. Enroulez du ruban-cache autour des mâchoires de la pince pour ne pas égratigner le fini chromé.

3 Soulevez la came, la rondelle de came et le tournant. Vérifiez si le tournant ne serait pas usé.

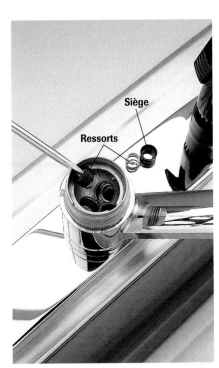

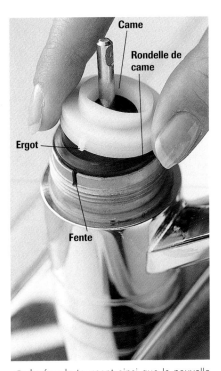

4 Plongez un tournevis dans le robinet pour en retirer les vieux ressorts et sièges de néoprène.

5 Enlevez le bec en le faisant tourner et en le tirant vers le haut. Coupez les vieux joints toriques. Enduisez les nouveaux joints toriques de graisse résistant à la chaleur et installez-les. Remettez le bec en place, en le poussant vers le bas jusqu'à ce que son col repose sur la bague de glissement en plastique. Installez les nouveaux ressorts et sièges.

6 Insérez le tournant ainsi que la nouvelle came et sa rondelle. Faites entrer le petit ergot de la came dans la fente du corps du robinet. Revissez le chapeau du robinet et installez la manette.

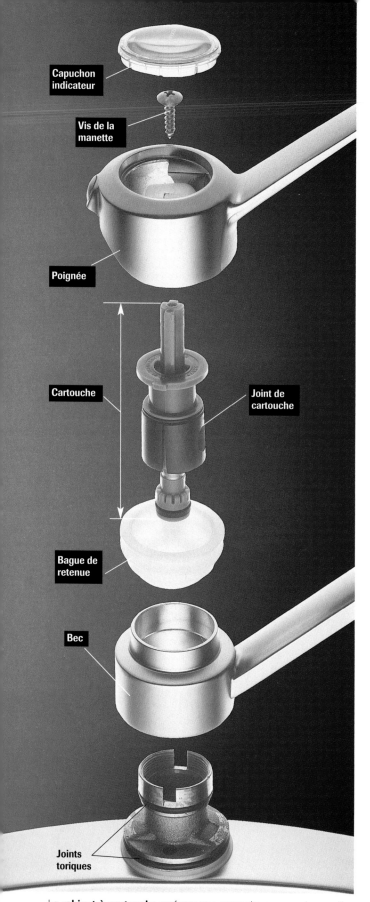

Capuchon indicateur

Vis de la manette

Poignée

Cartouche

Joint de cartouche

Bague de retenue

Bec

Joints toriques

Réparation d'un robinet à cartouche

On reconnaît le robinet de ce type à l'étroite cartouche cylindrique de métal ou de plastique qu'il comporte. La plupart des robinets à manette sont de type à cartouche, même si certains robinets à deux volants le sont aussi.

Le remplacement de la cartouche, qui corrigera la plupart des fuites, est une réparation facile. Les cartouches se vendant en de nombreux styles, apportez l'ancienne au magasin pour en choisir une nouvelle.

Lorsque vous insérez la nouvelle cartouche, mettez-la dans la même position que l'ancienne. Si les commandes d'eau chaude et d'eau froide sont inversées, démontez de nouveau le robinet et faites tourner la cartouche sur 180°.

N'oubliez pas de couper l'eau avant d'entreprendre le travail (page 180).

Tout ce dont vous avez besoin

Outils : tournevis, pince multiprise, couteau universel.

Matériel : cartouche de rechange (si nécessaire), joints toriques, graisse résistant à la chaleur.

Le **robinet à cartouche** renferme une cartouche creuse qui se soulève et se tourne pour commander le débit et la température de l'eau. Une fuite au bec est due à l'usure des joints de la cartouche. Une fuite à la base du robinet est causée par l'usure des joints toriques.

Les **cartouches de rechange** sont offertes en de nombreux styles. On peut en trouver pour les marques de robinets les plus populaires (de g. à d.) : Price Pfister, Moen, Kohler. Les joints toriques se vendent parfois séparément.

Réparation d'un robinet à cartouche

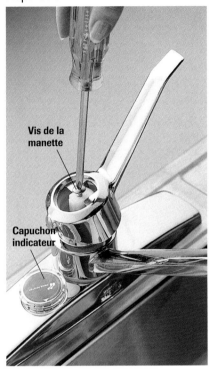

Vis de la manette

Capuchon indicateur

1 Enlevez le capuchon indicateur et la vis qu'il cachait.

2 Enlevez la manette en la tirant vers le haut et en l'inclinant vers l'arrière.

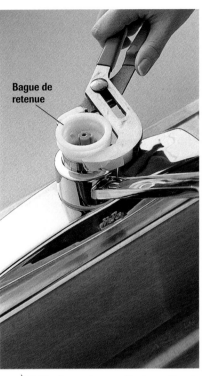

Bague de retenue

3 À l'aide d'une pince multiprise, retirez la bague de retenue filetée. Le cas échéant, enlevez aussi l'anneau d'arrêt retenant la cartouche en place.

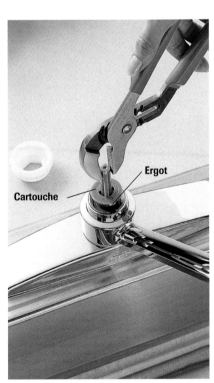

Ergot

Cartouche

4 Saisissez le bout de la cartouche avec la pince multiprise, puis tirez-la vers le haut. Installez la nouvelle cartouche de manière que l'ergot soit orienté vers l'avant.

Joints toriques

5 Enlevez le bec en le tirant vers le haut et en le faisant tourner. Coupez les vieux joints toriques avec un couteau universel. Enduisez les nouveaux joints toriques de graisse résistant à la chaleur et installez-les.

6 Remettez le bec en place. Vissez la bague de retenue au corps du robinet et serrez-la avec la pince multiprise. Remettez en place la manette et sa vis, ainsi que le capuchon indicateur.

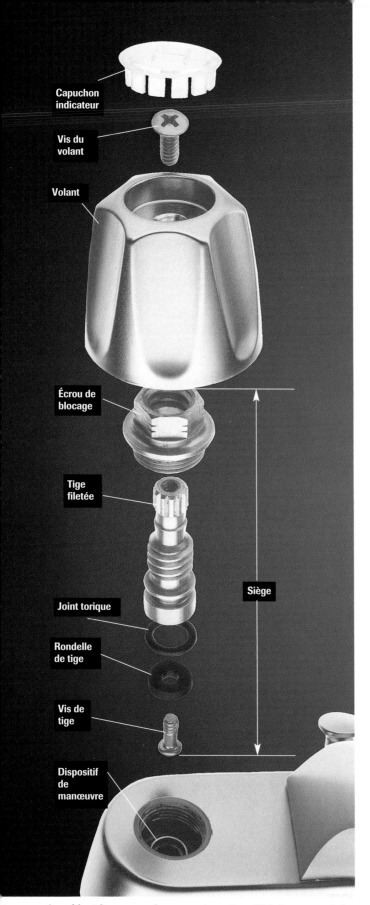

Capuchon indicateur

Vis du volant

Volant

Écrou de blocage

Tige filetée

Joint torique

Rondelle de tige

Vis de tige

Dispositif de manœuvre

Siège

Réparation d'un robinet à compression

Le robinet à compression est muni de commandes séparées pour l'eau chaude et pour l'eau froide. Il comporte une tige filetée à l'intérieur du corps. Les types de tiges sont nombreux, mais toutes sont munies de rondelles ou de joints de néoprène servant à commander le passage de l'eau. Les fuites se produisent lorsque la rondelle de tige et le siège sont usés.

Sur les vieux robinets à compression, les volants sont souvent rouillés et difficiles à enlever. Pour faciliter l'enlèvement de ces volants, il faut louer un outil spécial, appelé « arrache-volant ».

Lorsque vous remplacez une rondelle, inspectez le siège métallique à l'intérieur du corps du robinet. S'il vous semble rugueux au doigt, il faut le remplacer ou le roder.

N'oubliez pas de couper l'eau avant d'entreprendre le travail (page 180).

Tout ce dont vous avez besoin

Outils : tournevis, arrache-volant (facultatif), pince multiprise, couteau universel, clé à siège ou rodoir (si nécessaire).

Matériel : Trousse universelle de rondelles, cordon d'étanchéité, graisse résistant à la chaleur, sièges de rechange (si nécessaire).

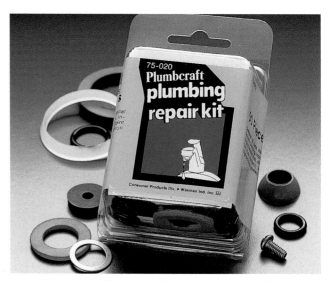

Le **robinet à compression** comporte un dispositif de tige composé d'un écrou de blocage, d'une tige filetée, d'un joint torique, d'une rondelle de tige et d'une vis de tige. Une fuite au bec est généralement causée par l'usure de la rondelle, tandis qu'une fuite autour du volant l'est par l'usure du joint torique.

La **trousse universelle de rondelles** contient toutes les pièces nécessaires à la réparation de la plupart des robinets à compression. Choisissez une trousse offrant une variété de rondelles en néoprène, de joints toriques, de rondelles d'étanchéité et de vis en laiton.

Réparation d'un robinet à disque

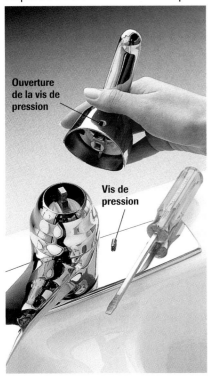

Ouverture de la vis de pression

Vis de pression

1 Poussez de côté le bec du robinet, puis levez la manette. Ôtez la vis de pression, puis enlevez la manette.

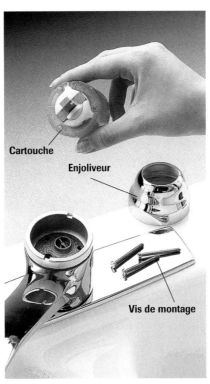

Cartouche

Enjoliveur

Vis de montage

2 Enlevez l'enjoliveur. Ôtez les vis de montage de la cartouche et retirez-la.

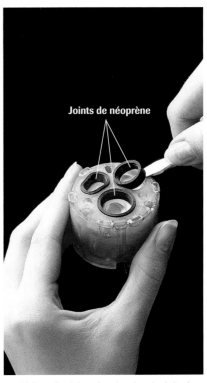

Joints de néoprène

3 Enlevez les joints de néoprène insérés dans les orifices de la cartouche.

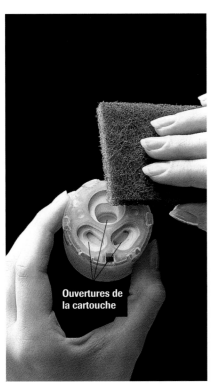

Ouvertures de la cartouche

4 Nettoyez les orifices de la cartouche ainsi que les joints de néoprène avec un tampon à récurer. Rincez la cartouche à l'eau claire.

5 Remettez les joints dans les orifices de la cartouche et remontez le robinet. Placez la manette du robinet à la position ON, puis ouvrez lentement les robinets d'arrêt. Lorsque l'eau s'écoule normalement, refermez le robinet à disque.

Ne remplacez la cartouche que si le robinet continue à fuir après le nettoyage.

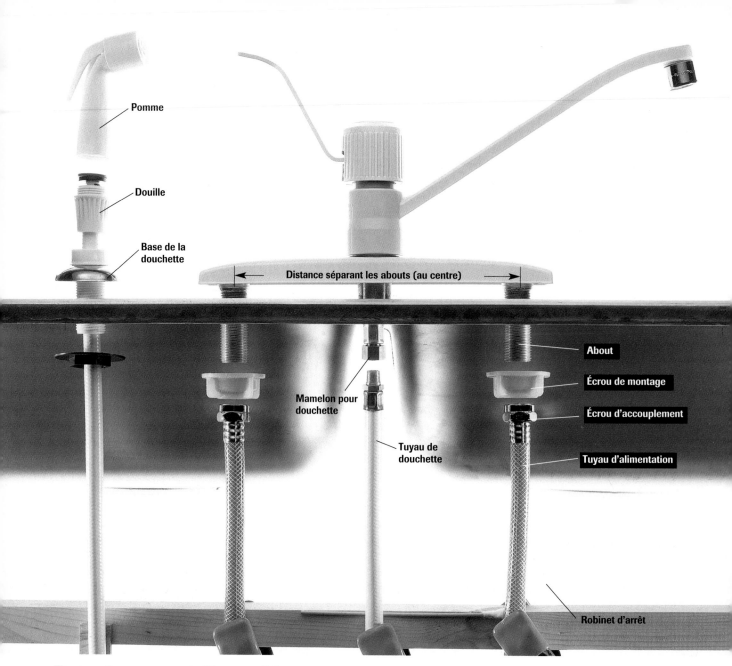

Pomme

Douille

Base de la douchette

Distance séparant les abouts (au centre)

About

Écrou de montage

Mamelon pour douchette

Écrou d'accouplement

Tuyau de douchette

Tuyau d'alimentation

Robinet d'arrêt

Remplacement d'un robinet d'évier

L'installation d'un nouveau robinet est simple et prend environ une heure. Avant d'acheter le nouveau robinet, mesurez le diamètre des ouvertures de l'évier ainsi que la distance séparant les abouts (de centre à centre). Assurez-vous que les abouts du nouveau robinet s'adaptent aux ouvertures de l'évier.

Choisissez un robinet provenant d'un fabricant réputé : les pièces de rechange seront plus faciles à trouver lorsque vous en aurez besoin. Les meilleurs robinets ont un corps en cuivre massif. Ils sont faciles à installer et fonctionnent parfaitement durant des années. Certains modèles sans rondelles sont même garantis à vie.

Lorsque vous remplacez un robinet, vous devez également remplacer les tuyaux d'alimentation. La plupart des codes autorisent l'utilisation de tubes de plastique PB pour les tuyaux d'alimentation visibles sous un évier. Si les tuyaux d'alimentation ne sont pas munis de robinets d'arrêt, vous pouvez en installer en même temps que vous remplacerez le robinet (pages 196-197).

N'oubliez pas de couper l'eau avant d'entreprendre le travail (page 180).

Tout ce dont vous avez besoin

Outils : clé pour lavabo ou pince multiprise, couteau à mastiquer, pistolet à calfeutrer, clés à molette.

Matériel : huile de dégrippage, scellant à la silicone ou mastic adhésif, robinet de rechange, deux tuyaux d'alimentation souples.

Enlèvement du vieux robinet d'évier

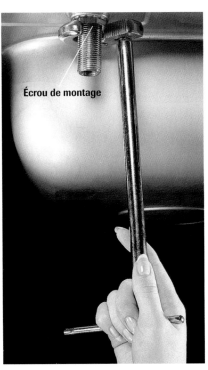

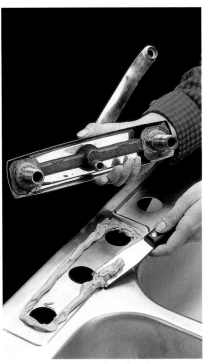

1 Vaporisez de l'huile de dégrippage sur les écrous d'accouplement et de montage des abouts. Enlevez ces écrous à l'aide d'une clé pour lavabo ou d'une pince multiprise.

2 Enlevez les écrous de montage des abouts à l'aide d'une clé pour lavabo ou d'une pince multiprise. La clé à lavabo est munie d'un long manche qui facilite le travail dans les endroits difficiles d'accès.

3 Retirez le robinet. À l'aide d'un couteau à mastiquer, enlevez le vieux mastic sur la surface de l'évier.

Variantes de raccordement des robinets

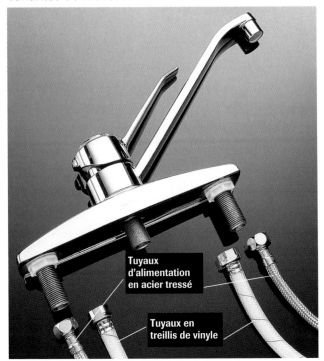

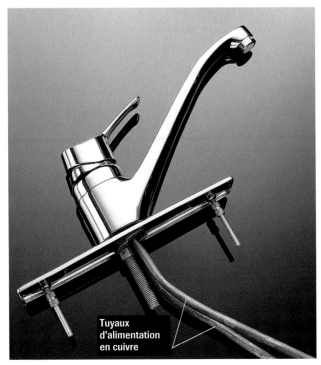

Nouveau robinet sans tuyaux d'alimentation : Achetez deux tuyaux d'alimentation. Ils sont offerts en acier tressé ou en treillis de vinyle (ci-dessus), en plastique PB (acceptés par la plupart des codes pour les tuyaux d'alimentation exposés) ou en cuivre chromé (page 196).

Nouveau robinet muni de tuyaux d'alimentation en cuivre : Branchez le robinet en attachant les tuyaux d'alimentation aux robinets d'arrêt, à l'aide de raccords à compression (page 195).

Installation d'un nouveau robinet d'évier

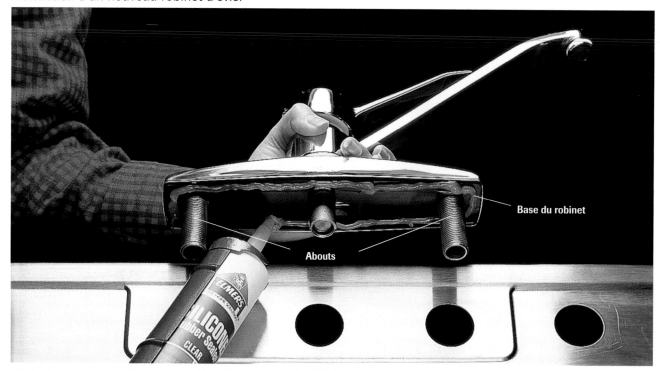

Base du robinet

Abouts

1 Appliquez un cordon de ¼ po de scellant à la silicone ou de mastic adhésif sur le pourtour de la base du robinet. Insérez les abouts du robinet dans les ouvertures de l'évier. Placez le robinet de manière que sa base soit parallèle à l'arrière de l'évier ; appuyez sur le robinet pour que le scellant soit bien étanche.

Écrou de montage

Rondelle de friction

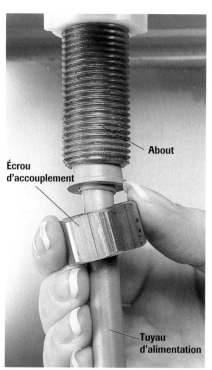

About

Écrou d'accouplement

Tuyau d'alimentation

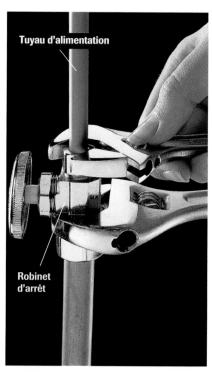

Tuyau d'alimentation

Robinet d'arrêt

2 Vissez les rondelles métalliques de friction et les écrous de montage sur les abouts ; serrez-les avec une clé pour lavabo ou une pince multiprise. Essuyez l'excédent de mastic autour de la base du robinet.

3 Raccordez les tuyaux d'alimentation souples aux abouts du robinet. Serrez les écrous d'accouplement avec une clé pour lavabo ou une pince multiprise.

4 Joignez les tuyaux d'alimentation aux robinets d'arrêt en utilisant des raccords à compression (pages 52-53). Serrez les écrous à la main, puis resserrez-les d'un quart de tour à l'aide d'une clé à molette. Au besoin, retenez le robinet avec une autre clé durant le serrage.

Réparation de l'inverseur

1 Coupez l'eau (page 180). Retirez la manette et le bec du robinet (selon les instructions correspondant au type de robinet, pages 182-191).

Inverseur

2 Sortez l'inverseur du corps du robinet à l'aide d'une pince à bec effilé. Éliminez les dépôts calcaires et la saleté de l'inverseur avec une petite brosse trempée dans du vinaigre.

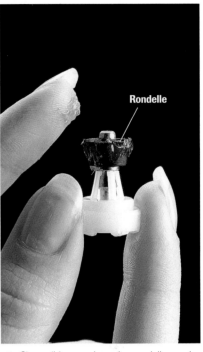

Rondelle

3 Si possible, remplacez les rondelles ou les joints toriques usés. Enduisez les nouvelles pièces de graisse résistant à la chaleur. Réinstallez l'inverseur et remontez le robinet.

Remplacement du tuyau de la douchette

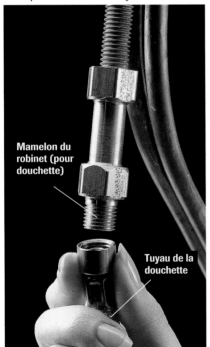

Mamelon du robinet (pour douchette)

Tuyau de la douchette

1 À l'aide d'une pince multiprise, dévissez le tuyau de la douchette du mamelon du robinet. Tirez le tuyau par l'ouverture de l'évier.

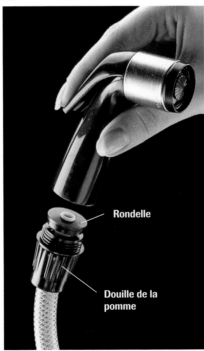

Rondelle

Douille de la pomme

2 Dévissez la pomme de la douille. Retirez la rondelle.

Anneau d'arrêt

Douille de la pomme

3 À l'aide d'une pince à bec effilé, retirez l'anneau d'arrêt et jetez le vieux tuyau. Au nouveau tuyau, attachez la douille, l'anneau de retenue, la rondelle et la pomme. Attachez le tuyau de la douchette au mamelon du robinet destiné à cette fin.

Plomberie de la baignoire douche

Les robinets des baignoires et douches se présentent dans les quatre mêmes styles de base que ceux des éviers ; les techniques de réparation des fuites sont identiques à celles décrites aux pages 180-191. Pour reconnaître le type du robinet, vous devrez peut-être en enlever le volant et le démonter.

Dans le cas d'une baignoire douche, la pomme de douche et le bec de la baignoire sont alimentés par les mêmes tuyaux d'eau chaude et d'eau froide et commandés par les mêmes robinets. L'installation combinée peut comporter un seul robinet, deux robinets ou trois robinets (ci-

Robinets de baignoire douche

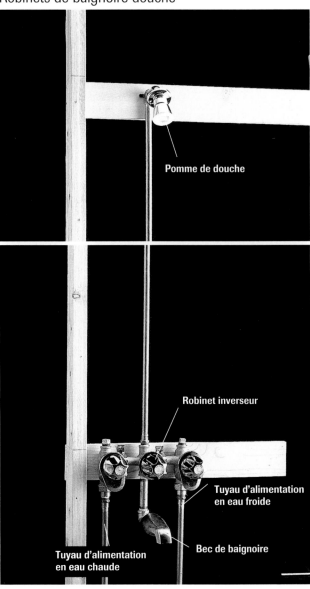

Pomme de douche

Robinet inverseur

Tuyau d'alimentation en eau froide

Tuyau d'alimentation en eau chaude

Bec de baignoire

L'installation à trois robinets (pages 202-203) comporte des robinets à compression ou à cartouche.

dessous). Le nombre de robinets vous renseigne sur le type de robinet dont il s'agit et sur les réparations qui peuvent être nécessaires.

Dans une baignoire douche, un robinet inverseur ou un inverseur à opercule peut servir à diriger l'eau vers le bec de baignoire ou la pomme de douche. Dans les baignoires douches à trois robinets, celui du milieu commande un inverseur. Si l'écoulement de l'eau ne passe pas facilement du bec à la pomme, ou si l'eau continue à couler par le bec lorsqu'elle devrait sortir par la pomme de douche, c'est probablement que l'inverseur doit être nettoyé ou réparé (pages 202-203).

Dans les baignoires douches à un et à deux robinets, un inverseur à opercule est commandé par un levier ou par un bouton situé sur le bec du robinet. Cet inverseur nécessite rarement des réparations, bien que le levier puisse parfois se briser, devenir lâche ou refuser de rester levé. S'il faut réparer l'inverseur à opercule d'un bec de baignoire, remplacez le bec entier (page 205).

Pour enlever d'une baignoire douche les robinets et inverseurs installés dans des cavités murales, servez-vous d'une clé à douille à cliquet munie d'une douille longue (pages 203, 205).

Si le jet de la pomme de douche est inégal, nettoyez-en les petits trous. Si la pomme refuse de rester en position levée, enlevez-la et remplacez le joint torique (page 208).

Pour ajouter une douche à une baignoire qui en est dépourvue, installez un adaptateur de douche à main (page 209). Plusieurs fabricants proposent des trousses de conversion qui permettent d'installer une douche à main en moins d'une heure.

L'installation à deux robinets (pages 204-205) comporte des robinets à compression ou à cartouche.

L'installation à robinet unique (pages 206-207) comporte des robinets à cartouche, à tournant sphérique ou à disque.

Tuyau alimentant la pomme de douche

Volant de l'inverseur

Inverseur

Tuyau d'alimentation en eau chaude

Ttuyau d'alimentation en eau froide

Réparation d'une installation à trois robinets

La baignoire douche à trois robinets comporte un robinet pour l'eau chaude, un pour l'eau froide et un troisième pour l'inverseur qui dirige l'eau soit vers le bec de la baignoire, soit vers la pomme de douche. La présence de robinets distincts pour l'eau chaude et l'eau froide indique qu'il s'agit de robinets à cartouche ou à compression. Recourez aux techniques de réparation décrites aux pages 184-185 dans le cas des robinets à cartouche, ou aux pages 186-187 dans celui des robinets à compression.

Si l'inverseur colle, si le débit d'eau est faible ou si l'eau sort par le bec de la baignoire lorsqu'elle est censée sortir de la pomme de douche, il faut réparer ou remplacer l'inverseur. La plupart des inverseurs ressemblent dans leur conception à des robinets à compression ou à cartouche. On peut réparer les inverseurs à compression, mais les inverseurs à cartouche doivent être remplacés.

N'oubliez pas de couper l'eau avant d'entreprendre le travail (page 12).

Tout ce dont vous avez besoin

Outils : tournevis, clé à molette ou pince multiprise, clé à douille à cliquet munie d'une douille longue, petite brosse métallique.

Matériel : cartouche d'inverseur de rechange ou trousse universelle de rondelles, graisse résistant à la chaleur, vinaigre.

Réparation d'un inverseur à compression

Plaque décorative

Volant de l'inverseur

1 Au moyen d'un tournevis, enlevez le volant de l'inverseur ; dévissez ou arrachez la plaque décorative.

Écrou de chapeau

2 Retirez l'écrou de chapeau à l'aide d'une clé à molette ou d'une pince multiprise.

3 Dévissez la tige avec une clé à douille à cliquet munie d'une douille longue. Au besoin, brisez le mortier entourant l'écrou de chapeau (page 205, étape 2).

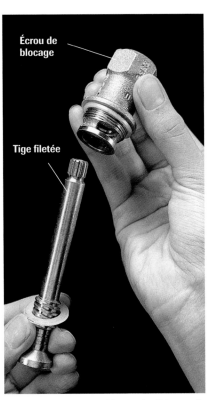

Rondelle de tige

Vis de tige

Écrou de blocage

Tige filetée

4 Enlevez la vis en laiton de la tige et remplacez la vieille rondelle par une rondelle identique. Si la vis est usée, remplacez-la.

5 Dévissez la tige filetée de l'écrou de blocage.

6 À l'aide d'une petite brosse métallique trempée dans du vinaigre, éliminez les dépôts sur l'écrou. Enduisez toutes les pièces de graisse résistant à la chaleur et remontez l'inverseur.

Tuyau alimentant la pomme de douche

Écrou de chapeau

Tige du robinet

Levier de l'inverseur

Tuyau d'alimentation en eau froide

Tuyau d'alimentation en eau chaude

Inverseur à opercule

Réparation d'une installation à deux robinets

Il peut s'agir de robinets à cartouche ou à compression. Recourez aux techniques de réparation décrites aux pages 184-185 dans le cas des robinets à cartouche, ou aux pages 186-187 dans celui des robinets à compression. Pour enlever les robinets installés dans des cavités murales, servez-vous d'une clé à douille à cliquet munie d'une douille longue pour retirer la tige.

Ce type d'installation comporte un inverseur à opercule, mécanisme simple logé dans le bec, qui permet de couper l'alimentation en eau du bec et de la diriger vers la pomme de douche. L'inverseur à opercule nécessite rarement des réparations, bien que le levier puisse parfois se briser, devenir lâche ou refuser de rester levé. Si l'inverseur est défectueux,

remplacez le bec de la baignoire. Ces becs sont peu coûteux et faciles à remplacer.

N'oubliez pas de couper l'eau avant d'entreprendre le travail (page 12).

Tout ce dont vous avez besoin

Outils : tournevis, clé hexagonale, clé à tuyau, pince multiprise, petit ciseau à froid, marteau à panne ronde, clé à douille à cliquet munie d'une douille longue.

Matériel : ruban-cache ou chiffon, pâte à joints, pièces de rechange au besoin.

Conseils pour le remplacement d'un bec de baignoire

Cherchez sous le bec la petite fente d'accès indiquant qu'il est fixé au moyen d'une vis à tête hexagonale. Servez-vous d'une clé hexagonale pour dévisser la vis, puis faites glisser le bec pour l'enlever.

S'il n'y a pas de fente d'accès, vous devez dévisser le bec même. Utilisez une clé à tuyau, ou insérez dans le bec un gros tournevis ou un manche de marteau, et faites tourner le bec dans le sens inverse de celui des aiguilles d'une montre.

Étalez de la pâte à joints sur les filets du mamelon de bec avant d'installer le nouveau bec.

Enlèvement d'un robinet encastré

1 Enlevez le volant. Servez-vous d'une pince multiprise pour dévisser la plaque décorative. Enroulez du ruban-cache sur les mâchoires de la pince pour ne pas abîmer la plaque.

2 Brisez le mortier entourant l'écrou de chapeau au moyen d'un marteau à panne ronde et d'un petit ciseau à froid.

3 À l'aide d'une clé à douille à cliquet munie d'une douille longue, dévissez l'écrou de chapeau. Retirez du corps du robinet l'écrou de chapeau ainsi que la tige.

Tuyau alimentant la
pomme de douche

Robinets d'arrêt intégrés

Tuyau d'alimentation
en eau chaude

Robinet de commande

Tuyau d'alimentation
en eau froide

Plaque décorative

Inverseur à opercule

Réparation d'une installation à robinet unique

Le robinet unique commande à la fois le débit et la température de l'eau. Ce peut être un robinet à tournant sphérique, à
cartouche ou à disque.

    Si l'installation à robinet unique fuit ou fonctionne mal,
démontez-la, nettoyez le robinet et remplacez les pièces
usées. Recourez aux techniques de réparation décrites aux
pages 182-183 dans le cas des robinets à tournant sphérique
ou aux pages 190-191 dans celui des robinets à disque de
céramique. La technique de réparation d'un robinet unique à
cartouche est expliquée sur la page ci-contre.

    Un inverseur à opercule dirige l'eau soit vers la pomme
de douche, soit vers le bec de la baignoire. L'inverseur à
opercule nécessite rarement des réparations, bien que le
levier puisse parfois se briser, devenir lâche ou refuser de
rester levé. Si l'inverseur est défectueux, remplacez le bec de
la baignoire (page 205).

Tout ce dont vous avez besoin

Outils : tournevis, clé à molette, pince multiprise.
Matériel : pièces de rechange (au besoin).

Réparation d'un robinet unique à cartouche

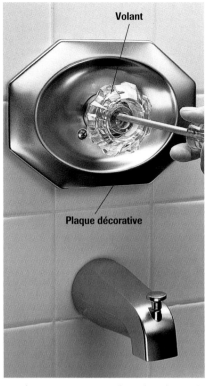

Volant

Plaque décorative

Robinets d'arrêt intégrés

Écrou de chapeau

1 Avec un tournevis, enlevez le volant et la plaque décorative.

2 Coupez l'eau aux robinets d'arrêt intégrés ou au robinet d'arrêt principal (page 12).

3 Dévissez et enlevez la bague de retenue ou l'écrou de chapeau à l'aide d'une clé à molette.

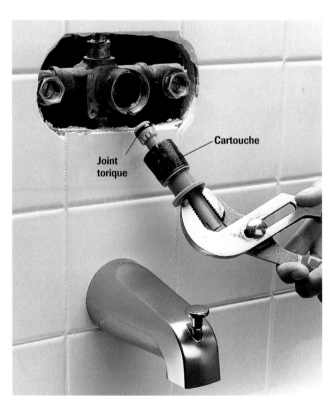

Cartouche

Joint torique

4 Retirez la cartouche en saisissant l'extrémité du robinet avec une pince multiprise et en tirant doucement.

5 Rincez le corps du robinet à l'eau claire pour en éliminer les sédiments. Remplacez les joints toriques usés. Réinstallez la cartouche, puis vérifiez le bon fonctionnement du robinet. Si le robinet est encore défectueux, remplacez la cartouche.

Bras de douche

Écrou à embase

Écrou de la rotule

Levier de réglage à came

Rotule

Joint torique

Orifices de sortie

Réparation et remplacement d'une pomme de douche

Si le jet de la pomme de douche est inégal, nettoyez les orifices de sortie. Les orifices de sortie et d'entrée de la pomme ont tendance à se boucher à cause de dépôts minéraux. La pomme de douche est censée être orientable. Si elle refuse de rester en position ou si elle fuit, remplacez le joint torique appuyé contre la rotule.

On peut doter une baignoire d'une douche au moyen d'un adaptateur de douche à main. Vous trouverez des trousses complètes d'installation dans les quincailleries et les maisonneries.

Tout ce dont vous avez besoin

Outils : clé à molette ou pince multiprise, clé à tuyau, perceuse, foret pour verre et carreau de céramique (au besoin), maillet, tournevis.

Matériel : ruban-cache, fil métallique fin (trombone), graisse résistant à la chaleur, chiffon, joints toriques de rechange (au besoin), chevilles à maçonnerie, trousse d'adaptateur de douche à main (facultatif).

Il est facile de démonter une **pomme de douche ordinaire** en vue d'un nettoyage ou d'une réparation. Certaines sont munies d'un levier de réglage à came servant à modifier la puissance du jet.

Nettoyage et réparation d'une pomme de douche

Écrou de la rotule

Écrou à embase

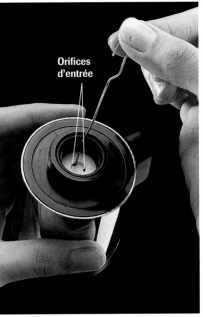

Orifices d'entrée

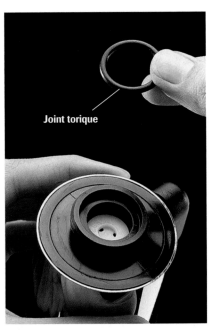

Joint torique

1 Entourez de ruban-cache les mâchoires d'une clé à molette ou d'une pince multiprise, puis dévissez l'écrou de la rotule. Dévissez ensuite l'écrou à embase.

2 Nettoyez les orifices de sortie et d'entrée de la pomme avec un petit fil métallique. Rincer la pomme à l'eau claire.

3 Remplacez le joint torique si nécessaire. Avant d'installer le nouveau joint torique, enduisez-le de graisse résistant à la chaleur.

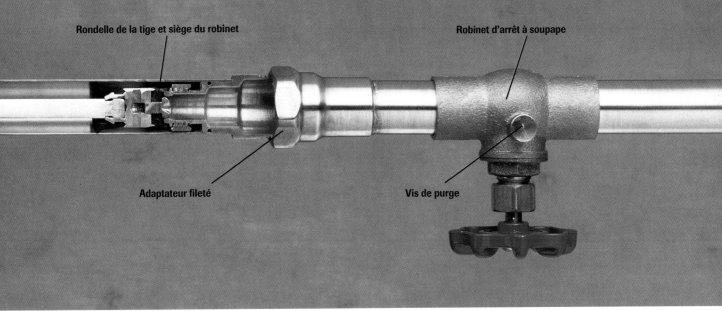

Rondelle de la tige et siège du robinet

Robinet d'arrêt à soupape

Adaptateur fileté

Vis de purge

raccordé à un tuyau d'alimentation en eau froide au moyen d'un adaptateur fileté, de deux tronçons de tuyau brasés et d'un robinet d'arrêt. Un raccord en T (non montré) est installé sur le tuyau d'eau froide.

Installation d'un robinet d'arrosage

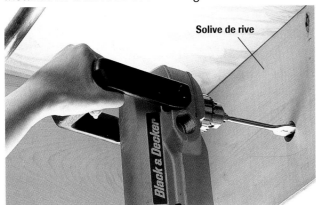

Solive de rive

1 Déterminez l'endroit où pratiquer une ouverture de passage pour le robinet. Marquez sur la solive de rive un point situé un peu plus bas que le tuyau d'eau froide le plus proche. Avec un foret à trois pointes de 1 po, pratiquez une ouverture dans la solive, le revêtement et la planche à clin.

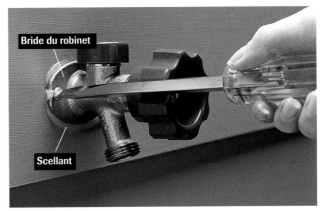

Bride du robinet

Scellant

2 Appliquez un épais cordon de scellant à la silicone sous la bride du robinet ; insérez le robinet dans l'ouverture et fixez-le à la planche à clin à l'aide de vis de 2 po résistant à la corrosion. Ouvrez le robinet. Essuyez l'excédent de scellant.

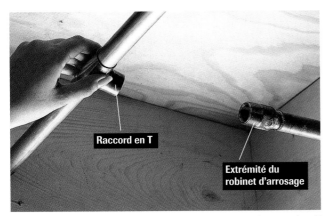

Raccord en T

Extrémité du robinet d'arrosage

3 Marquez le tuyau d'eau froide, coupez-le et installez-y le raccord en T (pages 40, 46). Enroulez du ruban d'étanchéité autour des filets du robinet d'arrosage.

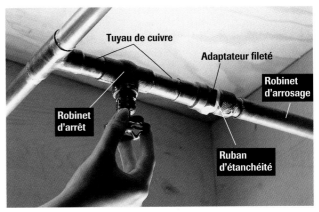

Tuyau de cuivre

Adaptateur fileté

Robinet d'arrosage

Robinet d'arrêt

Ruban d'étanchéité

4 Reliez le raccord en T au robinet d'arrosage à l'aide d'un adaptateur fileté (page 43), d'un robinet d'arrêt et de deux tronçons de tuyau de cuivre. Préparez les tuyaux et brasez les joints. Ouvrez l'eau et refermez le robinet d'arrosage lorsque l'eau s'en écoule normalement.

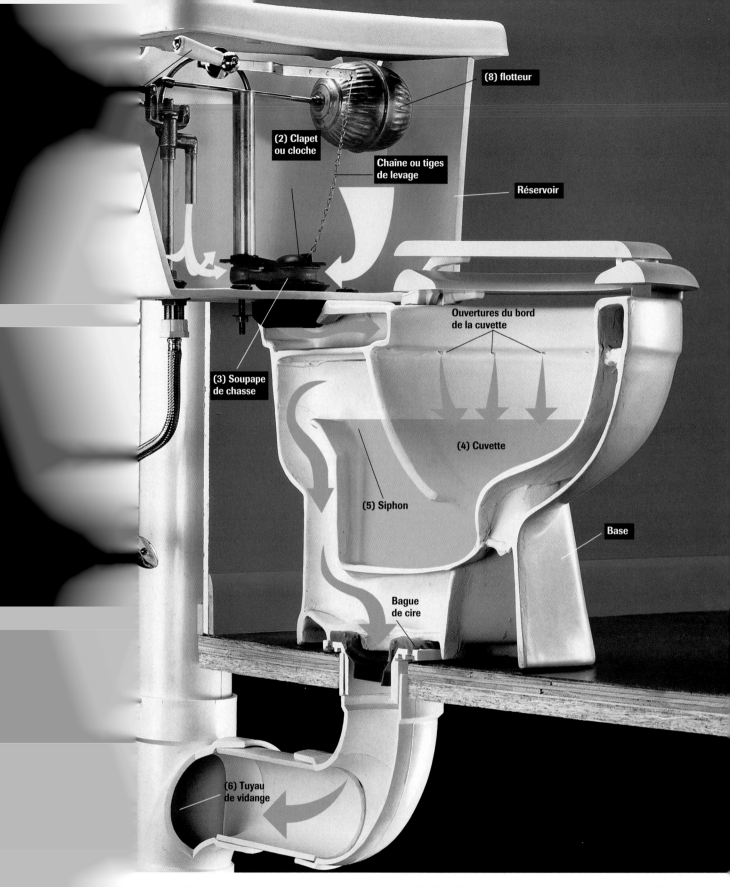

(8) flotteur

(2) Clapet ou cloche

Chaîne ou tiges de levage

Réservoir

Ouvertures du bord de la cuvette

(3) Soupape de chasse

(4) Cuvette

(5) Siphon

Base

Bague de cire

(6) Tuyau de vidange

d'une toilette : Lorsque vous poussez sur la [ch]aîne de levage soulève un **clapet ou une cloche** [qu]i se déverse rapidement dans la **cuvette (4)** par la [soupap]e **(3)** située au fond du réservoir. Le contenu de la [est pous]sé dans le **siphon (5),** jusque dans le **tuyau de vi-**

dange (6). Une fois le réservoir vide, le clapet retombe sur son siège et en scelle l'ouverture. Un robinet d'alimentation en eau, appelé **robinet à flotteur (7),** remplit alors le réservoir. Le **flotteur (8)** commandant ce robinet repose sur la surface de l'eau. Une fois le réservoir rempli, le flotteur provoque automatiquement la fermeture du robinet à flotteur.

Défectuosités courantes des toilettes

L'engorgement est la cause la plus fréquente des défectuosités d'une toilette. Si la cuvette déborde ou ne se vide que difficilement, débouchez-la à l'aide d'un débouchoir ou d'un dégorgeoir à cuvette (page 232). Si le problème persiste, c'est probablement que l'obstruction se produit dans la colonne de chute (page 239).

La plupart des autres défectuosités se corrigent facilement par des réglages mineurs, sans démontage ni remplacement de pièces. Vous pouvez effectuer ces réglages en quelques minutes, au moyen d'outils courants (page 216).

Si des réglages mineurs ne corrigent pas la situation, des réparations sont nécessaires. Les pièces d'une toilette ordinaire sont faciles à démonter, et la plupart des réparations s'effectuent en moins d'une heure.

Une flaque d'eau permanente autour de la toilette peut être causée par une fissure dans la cuvette ou dans le réservoir. Une toilette endommagée doit être remplacée. L'installation d'une nouvelle toilette est un projet simple qui se réalise en trois ou quatre heures.

Une toilette ordinaire est composée d'un réservoir boulonné à la cuvette, et la chasse fonctionne par gravité. Vous la réparerez facilement en suivant les instructions des pages suivantes. Certaines toilettes monobloc font appel à un système de chasse haute pression compliqué. Vous pouvez procéder vous-même au réglage de ces toilettes, mais le remplacement des soupapes doit être confié à un plombier.

Défectuosité	Réparation
La manette de chasse grippe ou est difficile à actionner.	1. Réglez les tiges de levage (page 216). 2. Nettoyez et réglez la manette (page 216).
La manette de chasse est lâche.	1. Réglez la manette (page 216). 2. Rattachez au levier la chaîne ou les tiges de levage (page 216).
La chasse ne fonctionne pas du tout.	1. Vérifiez si l'alimentation en eau n'aurait pas été coupée. 2. Réglez la chaîne ou les tiges de levage (page 216).
La cuvette ne se vide pas complètement.	1. Réglez la chaîne ou les tiges de levage (page 216). 2. Réglez le niveau d'eau dans le réservoir (page 218). 3. Augmentez la pression de la toilette à pression de renfort (page 224).
La cuvette déborde ou la chasse se fait lentement.	1. Dégorgez la cuvette (page 232). 2. Dégorgez la colonne de chute (page 239).
L'eau s'écoule continuellement dans la cuvette.	1. Réglez la chaîne ou les tiges de levage (page 216). 2. Remplacez le flotteur non étanche (page 217). 3. Réglez le niveau de l'eau dans le réservoir (page 218). 4. Réglez et nettoyez la soupape de chasse (page 221). 5. Remplacez la soupape de chasse (page 221). 6. Réparez ou remplacez le robinet à flotteur (pages 218-219). 7. Faites l'entretien de la soupape de la toilette à pression de renfort (page 225).
Il y a de l'eau sur le sol près de la cuvette.	1. Resserrez les boulons du réservoir et les raccords des tuyaux (page 222). 2. Isolez le réservoir pour prévenir la condensation (page 222). 3. Remplacez la bague de cire (page 223). 4. Remplacez le réservoir ou la cuvette fissurés (pages 222-223).

Réglages mineurs

Des réglages mineurs de la manette ainsi que de la chaîne ou des tiges de levage peuvent corriger bon nombre des défectuosités d'une toilette.

Si la manette grippe ou est difficile à actionner, ôtez le couvercle du réservoir et nettoyez l'écrou de montage de la manette. Redressez la tige de levage si elle est déformée.

Si la cuvette ne se vide pas complètement à moins de tenir la manette enfoncée, c'est probablement que la chaîne de levage a trop de jeu.

Si la chasse ne fonctionne pas du tout, il se peut que la chaîne de levage soit cassée ou détachée du levier de la manette.

Si l'eau s'écoule continuellement dans la cuvette (page ci-contre), c'est peut-être que la tige de levage est déformée, que la chaîne n'est pas libre ou qu'un dépôt calcaire s'est formé sur l'écrou de montage de la manette. Nettoyez et réglez l'écrou ainsi que la tige ou la chaîne de levage pour régler le problème.

Tout ce dont vous avez besoin

Outils : clé à molette, pince à bec effilé, tournevis, petite brosse métallique.

Matériel : vinaigre.

Réglage de la manette ainsi que de la chaîne ou des tiges de levage

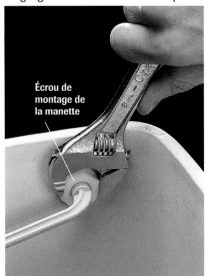

Écrou de montage de la manette

Nettoyez et réglez l'écrou de montage pour que la manette fonctionne correctement. Il s'agit d'un écrou à filetage renversé : desserrez-le en le tournant dans le sens des aiguilles d'une montre. Enlevez les dépôts avec une brosse trempée dans le vinaigre.

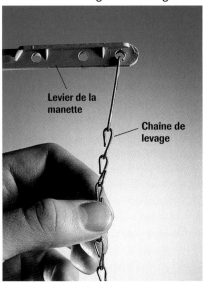

Levier de la manette

Chaîne de levage

Réglez la chaîne de levage de manière qu'elle pende verticalement et que son jeu soit d'environ 1/2 po. Réglez le jeu en accrochant la chaîne dans un autre trou du levier ou en en retirant un maillon à l'aide d'une pince à bec effilé. Remplacez la chaîne si elle est cassée.

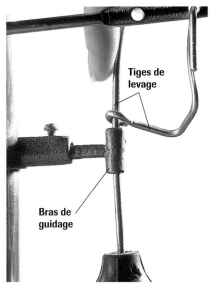

Tiges de levage

Bras de guidage

Redressez la tige de levage (toilettes sans chaîne) de manière que les tiges soient droites et fonctionnent en douceur lorsque la manette est actionnée. Il arrive souvent que la manette grippe à cause de la déformation d'une tige.

Réparation d'une toilette qui coule continuellement

Un bruit d'écoulement d'eau continu se produit lorsque l'eau continue d'entrer dans le réservoir après la fin du cycle de chasse. Cet écoulement peut faire gaspiller près d'une centaine de litres d'eau par jour.

Pour arrêter cet écoulement, agitez un peu la manette de chasse. Si le bruit cesse, c'est que vous devez régler la manette ou les tiges (ou la chaîne) de levage (page ci-contre).

Si vous entendez encore le bruit de l'eau qui s'écoule, ôtez le couvercle du réservoir et vérifiez si le flotteur ne frotterait pas contre la paroi du réservoir. Si c'est le cas, déformez le levier du flotteur pour éloigner ce dernier de la paroi. Le flotteur devrait être étanche. Pour vérifier s'il fuit, dévissez-le du levier et agitez-le. S'il y a de l'eau à l'intérieur du flotteur, remplacez-le.

Si ces réglages mineurs ne règlent pas le problème, vous devrez sans doute régler ou réparer le robinet à flotteur ou la soupape de chasse (photo de droite). Observez les instructions données aux pages suivantes.

Tout ce dont vous avez besoin

Outils : tournevis, petite brosse métallique, éponge, clés à molette, clé à ergots ou pince multiprise.

Matériel : trousse universelle de rondelles, flotteur (si nécessaire), joints d'étanchéité du robinet à flotteur, papier d'émeri, tampon à récurer en fibre, clapet ou cloche, soupape de chasse (si nécessaire).

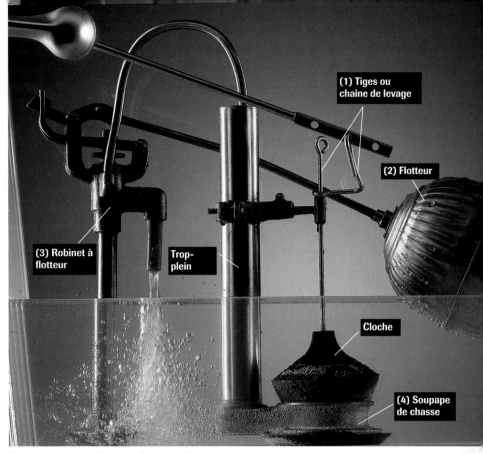

Le bruit d'un écoulement d'eau continu peut avoir des causes diverses : Les **tiges de levage (1)** (ou la chaîne) sont déformées ; le **flotteur (2)** frotte contre la paroi du réservoir ou n'est pas étanche ; le **robinet à flotteur (3)** n'interrompt pas l'arrivée d'eau une fois le réservoir rempli ; la **soupape de chasse (4)** laisse l'eau s'écouler dans la cuvette. Vérifiez d'abord l'état des tiges de levage et du flotteur. Si des réparations et réglages mineurs de ces pièces ne règlent pas le problème, vous devrez réparer le robinet à flotteur ou la soupape de chasse (ci-dessous).

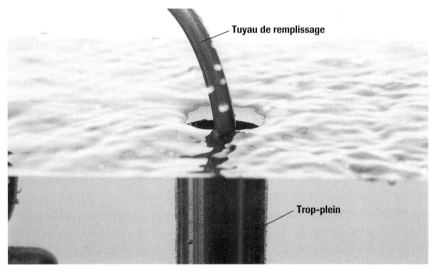

Inspectez le trop-plein si vous entendez encore le bruit d'écoulement continu après avoir réglé le flotteur et les tiges de levage. **Si vous voyez de l'eau couler dans le trop-plein,** vous devrez réparer le robinet à flotteur. Réglez d'abord le robinet à flotteur de manière à abaisser le niveau d'eau dans le réservoir (page 218). Si le problème subsiste, réparez ou remplacez le robinet à flotteur (pages 219-220). **S'il n'y a pas d'eau qui coule dans le trop-plein,** vous devrez réparer la soupape de chasse (page 221). Vérifiez d'abord si le clapet (ou la cloche) ne serait pas usé ; remplacez-le au besoin. Si le problème subsiste, remplacez la soupape de chasse.

Réglage du robinet à flotteur destiné à modifier le niveau d'eau

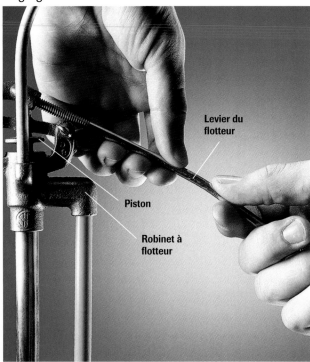

Le **robinet à flotteur et à piston traditionnel,** fait de laiton, commande le passage de l'eau par l'intermédiaire d'un piston de laiton attaché au levier du flotteur. Pour faire monter le niveau de l'eau dans le réservoir, recourbez le levier du flotteur vers le haut ; pour l'abaisser, recourbez légèrement le levier vers le bas.

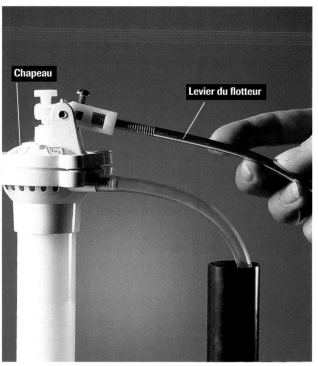

Le **robinet à membrane avec flotteur,** généralement fait de plastique, comporte un large chapeau contenant une membrane de caoutchouc. Pour faire monter le niveau de l'eau dans le réservoir, recourbez le levier du flotteur vers le haut ; pour l'abaisser, recourbez le levier légèrement vers le bas.

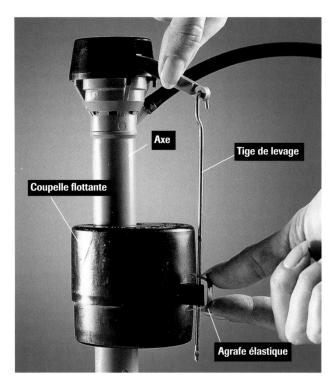

Le **robinet à coupelle flottante,** fait de plastique, est facile à régler. Pour faire monter le niveau de l'eau dans le réservoir, pincez l'agrafe élastique de la tige de levage et faites glisser la coupelle flottante sur son axe vers le haut. Pour abaisser le niveau de l'eau, faites glisser la coupelle vers le bas.

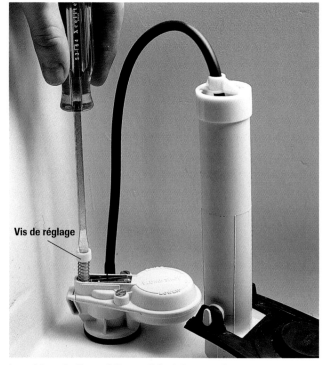

Le **robinet à dispositif sensible à la pression,** comme son nom l'indique, commande le niveau de l'eau au moyen d'un dispositif sensible à la pression. Pour faire monter le niveau de l'eau dans le réservoir, tournez la vis de réglage d'un demi-tour à la fois dans le sens des aiguilles d'une montre ; pour le faire baisser, tournez-la dans le sens inverse. NOTE : Ce type de robinet n'étant plus autorisé par le code, il faudrait le remplacer.

Enlèvement de la toilette et de la bague de cire

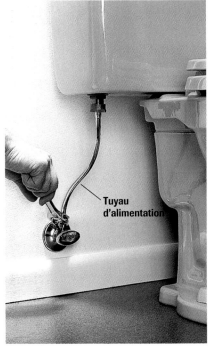

1 Coupez l'eau et vidangez le réservoir. Servez-vous d'une éponge pour enlever l'eau qui y reste. Avec une clé à molette, détachez le tuyau d'alimentation.

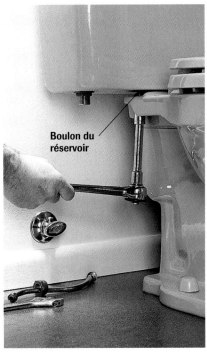

2 Enlevez les écrous des boulons du réservoir à l'aide d'une clé à douille à cliquet. Retirez soigneusement le réservoir et mettez-le de côté.

3 Avec un tournevis, arrachez les cache-vis de la base de la toilette. Servez-vous d'une clé à molette pour enlever les écrous des boulons.

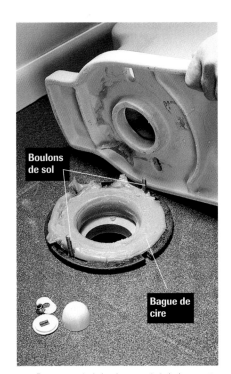

4 Posez un pied de chaque côté de la cuvette et faites-la balancer latéralement jusqu'à ce que le joint d'étanchéité se brise. Soulevez avec précaution la cuvette et posez-la sur le sol, sur le côté. De l'eau peut s'écouler du siphon.

5 Enlevez la vieille cire de la bride. Bouchez l'ouverture du drain avec un chiffon mouillé, pour que les gaz d'égout ne se répandent pas dans la maison.

6 Si vous réinstallez la même toilette, enlevez de la corne et de la base de celle-ci la vieille cire et la pâte à joints. NOTE : Pour l'installation d'une toilette, reportez-vous aux pages 120-121.

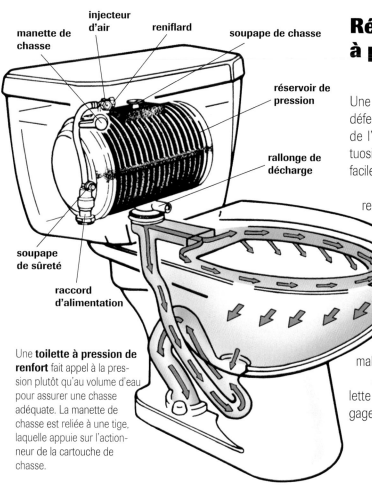

manette de chasse

injecteur d'air

reniflard

soupape de chasse

réservoir de pression

rallonge de décharge

soupape de sûreté

raccord d'alimentation

Une **toilette à pression de renfort** fait appel à la pression plutôt qu'au volume d'eau pour assurer une chasse adéquate. La manette de chasse est reliée à une tige, laquelle appuie sur l'actionneur de la cartouche de chasse.

Réparation d'une toilette à pression de renfort

Une toilette à pression de renfort peut présenter les mêmes défectuosités qu'une toilette ordinaire : écoulement continu de l'eau et faiblesse de la chasse. Les causes des défectuosités sont différentes, mais les réparations sont tout aussi faciles.

Pour fonctionner efficacement, la toilette à pression de renfort requiert une certaine pression d'eau, de l'ordre de 20 lb/po^2 à 80 lb/po^2. Une pression inférieure sera source de problèmes. Par conséquent, en cas de défectuosité de la toilette, commencez par vérifier la pression d'alimentation en eau.

Si cette pression est insuffisante, demandez conseil à un plombier ou à votre fournisseur d'eau. Si elle est adéquate, nettoyez la grille du raccord d'alimentation de la toilette pour qu'un débit maximal alimente le réservoir.

Avant toute réparation, fermez le robinet d'arrêt de la toilette à pression de renfort et actionnez la chasse pour dégager la pression du réservoir.

Tout ce dont vous avez besoin

Outils : clé à molette, brosse à poils souples, pince multiprise.

Matériel : grand seau

Vérification et amélioration de la pression d'eau

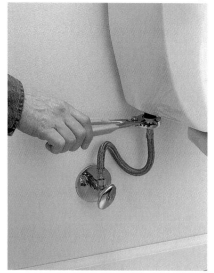

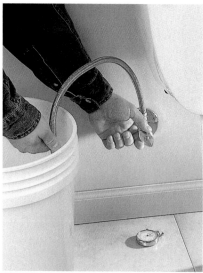

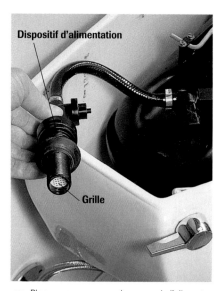

Dispositif d'alimentation

Grille

1 Fermez le robinet d'arrêt de la toilette et actionnez la chasse. Avec une clé à molette ou une pince multiprise, desserrez l'écrou d'accouplement retenant le tuyau d'alimentation au raccord d'alimentation de la toilette, sous le réservoir.

2 Placez l'extrémité du tuyau d'alimentation dans un grand seau. En notant l'heure, ouvrez complètement le robinet d'arrêt pendant 30 secondes, puis refermez-le. Mesurez l'eau accumulée dans le seau ; il devrait y en avoir plus d'un gallon.

3 Placez un seau sous le raccord d'alimentation. Retirez l'écrou de ce raccord et sortez de l'ouverture du réservoir le dispositif d'alimentation. Inspectez la grille du raccord ; nettoyez-la avec une brosse à poils souples. Réinstallez le dispositif et le tuyau d'alimentation.

Élimination de l'écoulement continu de l'eau

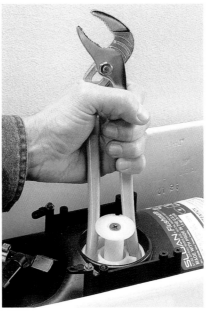

1 Fermez le robinet d'arrêt de l'appareil et actionnez la chasse. Soulevez la tige de l'actionneur. Il devrait y avoir un écart de $\frac{1}{8}$ po entre la tige et le dessus de l'actionneur. Pour régler la tige, desserrez la vis de pression et faites tourner l'actionneur pour le faire monter ou descendre.

2 Dévissez la cartouche de chasse avec les poignées de la pince multiprise.

3 Vérifiez si les joints toriques ne seraient pas trop usés. Si c'est le cas, remplacez la cartouche. Réinstallez la cartouche et serrez-la. Rétablissez l'alimentation en eau de la toilette et laissez le réservoir se remplir. Si l'eau s'écoule après le remplissage, poussez sur l'actionneur. Si cette manœuvre arrête l'écoulement, resserrez la cartouche d'un quart de tour à la fois, jusqu'à ce que l'écoulement cesse. Si l'écoulement continue, desserrez la cartouche d'un quart de tour, jusqu'à ce que l'écoulement cesse.

Correction d'un débit trop faible

1 La toilette étant alimentée, appuyez sur l'actionneur pour déclencher la chasse. Lorsque s'amorce le cycle de chasse de l'appareil, soulevez avec précaution l'actionneur. Cette manœuvre rince le système à l'eau pour le nettoyer des débris.

2 Vérifiez le fonctionnement du régulateur d'air ; retirez-en le bouchon et actionnez la chasse. Regardez dans le régulateur pour vous assurer que le clapet se retire et écoutez. Vous devriez entendre une aspiration d'air. Si vous ne l'entendez pas, dévissez le régulateur. Nettoyez le régulateur, le clapet, le ressort et le bouchon.

3 Vérifiez l'étanchéité de la cartouche. Fermez le robinet d'arrêt de l'appareil et actionnez la chasse. Versez une tasse d'eau sur le dessus de la cartouche, puis rouvrez le robinet d'arrêt. Si des bulles sortent du centre de la cartouche, remplacez-la.

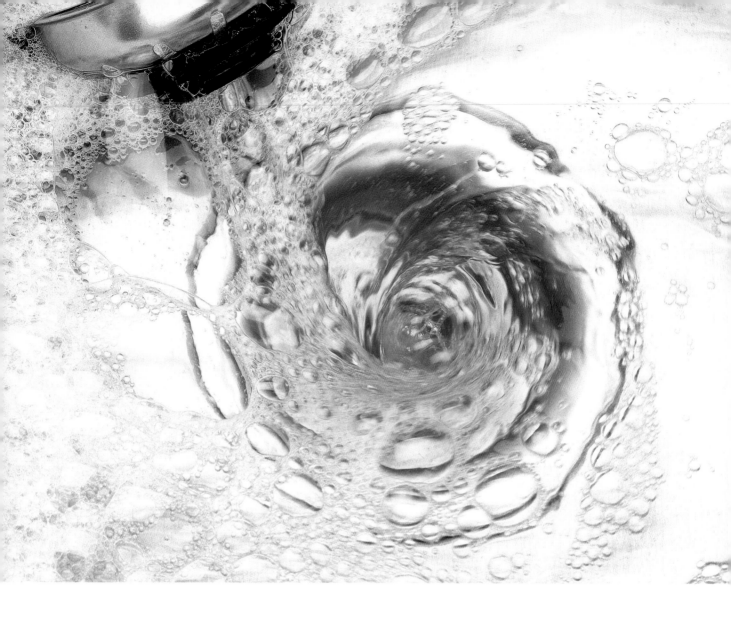

Dégorgement et réparation des tuyaux d'évacuation

Dégorgez les tuyaux d'évacuation à l'aide d'un débouchoir, d'un furet ou d'un ajutage à expansion. Le débouchoir chasse les obstructions par pression d'air. C'est un outil efficace et d'utilisation facile, que vous devez utiliser en premier lieu.

Le furet est muni d'un serpentin souple que l'on pousse dans le tuyau d'évacuation pour le déboucher. Le furet est facile à utiliser, mais vous devrez apprendre à sentir si le serpentin entre en contact avec un bouchon de savon ou s'il le fait avec un coude de la tuyauterie (pages 230-231).

L'ajutage à expansion se raccorde à un tuyau d'arrosage et déloge les obstructions par pression d'eau. Cet outil est surtout efficace pour déboucher les avaloirs de sol (page 237).

N'utilisez qu'en dernier recours les produits chimiques de débouchement à base d'acide, que l'on vend dans les quincailleries et les supermarchés. Ils dissolvent les obstruc-tions, mais risquent d'endommager les tuyaux. Il faut les manipuler avec prudence et en lire attentivement le mode d'emploi.

Un entretien régulier des tuyaux d'évacuation les gardera libres de toute obstruction. Chaque semaine, faites couler de l'eau chaude du robinet dans les tuyaux d'évacuation afin d'en éliminer les débris et les dépôts de savon et de graisse. Ou bien, tous les six mois, versez dans les tuyaux un produit de débouchement non caustique (à base de sulfure de cuivre ou d'hydroxyde de sodium), sans danger pour la tuyauterie.

Occasionnellement, une fuite peut se produire dans un tuyau d'évacuation ou autour de l'ouverture d'évacuation. La plupart de ces fuites se corrigent facilement : il suffit de resserrer un peu les raccords des tuyaux. Si c'est l'ouverture d'évacuation de l'évier qui fuit, réparez ou remplacez le dispositif d'évacuation de celui-ci (page 229).

Dégorgement d'un évier

Tous les éviers sont munis d'un siphon et d'un tuyau d'évacuation. Les éviers se bouchent généralement à cause d'une accumulation de savon et de cheveux dans le siphon ou dans le tuyau d'évacuation. Pour corriger la situation, utilisez un débouchoir, démontez le siphon et nettoyez-le (page 228), ou servez-vous d'un furet (pages 230-231).

Bon nombre d'éviers retiennent l'eau au moyen d'un bouchon mécanique appelé clapet d'obturation. Si l'eau de l'évier s'évacue malgré la fermeture de ce clapet, ou si l'eau s'évacue trop lentement lorsqu'il est ouvert, vous devrez le nettoyer et le régler (page 228).

Tout ce dont vous avez besoin

Outils : débouchoir, pince multiprise, petite brosse métallique, tournevis.

Matériel : chiffon, seau, joints d'étanchéité de rechange.

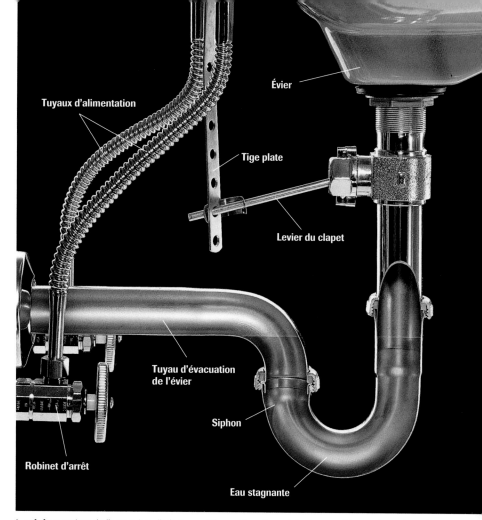

Le **siphon** retient de l'eau qui scelle le tuyau d'évacuation et empêche les gaz d'égout de se répandre dans la maison. Chaque fois que de l'eau est évacuée de l'évier, elle chasse et remplace l'eau qui stagnait dans le siphon. La forme du siphon et du tuyau d'évacuation de l'évier fait penser à la lettre P.

Dégorgement au débouchoir d'un évier

1 Enlever le clapet d'obturation. Certains clapets se soulèvent tout simplement, d'autres doivent être au préalable tournés dans le sens contraire à celui des aiguilles d'une montre. Dans le cas des vieux clapets, vous devrez peut-être en enlever le levier pour le libérer.

2 Avec un chiffon mouillé, bouchez l'ouverture de trop-plein de l'évier pour empêcher l'air de casser le vide créé par le débouchoir. Placez la cloche du débouchoir sur l'ouverture d'évacuation et faites couler assez d'eau pour la recouvrir. Pour chasser l'obstruction, faites de rapides mouvements verticaux avec le manche du débouchoir.

Nettoyage et réglage d'un dispositif d'évacuation à clapet d'obturation

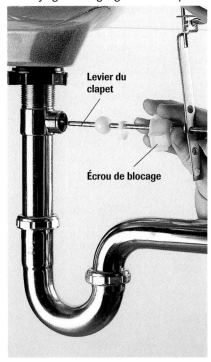

Levier du clapet

Écrou de blocage

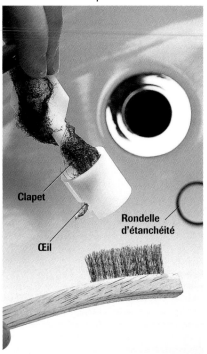

Clapet

Œil

Rondelle d'étanchéité

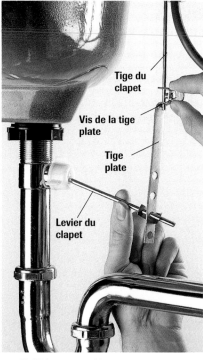

Tige du clapet

Vis de la tige plate

Tige plate

Levier du clapet

1 Relevez complètement la tirette du clapet (position fermée). Dévissez l'écrou de blocage retenant le levier du clapet. Enlevez du tuyau le levier afin de libérer le clapet.

2 Retirez le clapet et nettoyez-le avec une petite brosse métallique. Vérifiez si la rondelle d'étanchéité ne serait pas usée ou endommagée ; remplacez-la au besoin. Réinstallez le clapet.

3 Si l'évier ne se vide pas encore correctement, réglez la tige plate. Desserrez la vis de la tige plate et faites glisser cette dernière le long du levier pour régler la position du clapet. Resserrez la vis de la tige plate.

Enlèvement et nettoyage d'un siphon d'évier

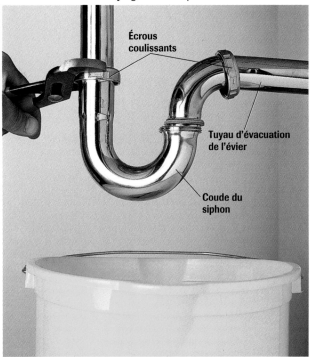

Écrous coulissants

Tuyau d'évacuation de l'évier

Coude du siphon

1 Placez un seau sous le siphon ; desserrez les écrous coulissants à l'aide d'une pince multiprise. Dévissez ces écrous à la main et éloignez-les du raccordement. Tirez sur le siphon.

2 Nettoyez le siphon avec une petite brosse métallique. Vérifiez si les rondelles des écrous coulissants ne seraient pas usées et remplacez-les au besoin. Réinstallez le siphon ; resserrez les écrous coulissants.

Réparation d'une fuite à la crépine d'un évier

Une fuite constatée sous un évier peut résulter du manque d'étanchéité du joint entre le manchon de la crépine et l'orifice d'évacuation de l'évier. Pour vérifier s'il y a fuite, fermez le clapet d'obturation et remplissez l'évier. Sous l'évier, inspectez le dispositif de crépine pour voir s'il fuit.

Pour corriger une fuite, il faut enlever et nettoyer le manchon, puis remplacer les joints d'étanchéité usés et le mastic détérioré. Ou encore, achetez un nouveau dispositif de crépine, en vente dans les maisonneries.

Tout ce dont vous avez besoin

Outils : pince multiprise, clé à ergots, marteau, couteau à mastiquer.

Matériel : mastic adhésif, pièces de rechange (au besoin).

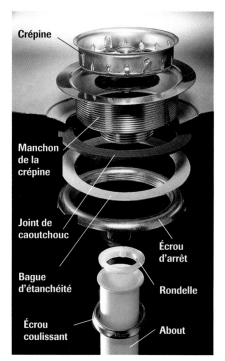

Le **dispositif de crépine** relie l'évier à la canalisation d'évacuation. Une fuite peut se produire à l'endroit où le manchon de la crépine s'appuie contre le bord de l'ouverture d'évacuation de l'évier.

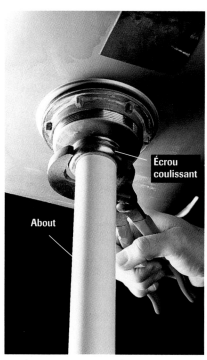

1 À l'aide d'une pince multiprise, dévissez les écrous coulissants aux deux extrémités de l'about. Débranchez l'about du siphon et du manchon de la crépine, et retirez-le.

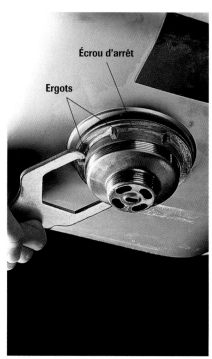

2 Enlevez l'écrou d'arrêt à l'aide d'une clé à ergots. Vous pouvez dégager un écrou grippé en frappant sur les ergots avec un marteau. Dévissez complètement l'écrou et retirez le dispositif de crépine. Au besoin, coupez l'écrou.

3 Avec un couteau à mastiquer, enlevez le vieux mastic de l'orifice d'évacuation. Si vous réutilisez l'ancien manchon, ôtez le vieux mastic déposé sous la bride du manchon. Vous devez remplacer les joints et les rondelles.

4 Appliquez un cordon de mastic adhésif sur le bord de l'orifice d'évacuation. Poussez le manchon de la crépine dans cette ouverture. Sous l'évier, installez sur le manchon un nouveau joint de caoutchouc, puis une bague d'étanchéité en métal ou en fibre. Réinstallez l'écrou d'arrêt et serrez-le. Réinstallez l'about.

Dégorgement au furet de la canalisation d'évacuation d'un appareil

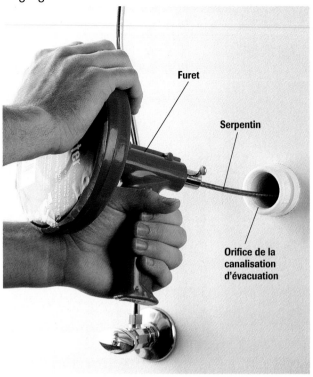

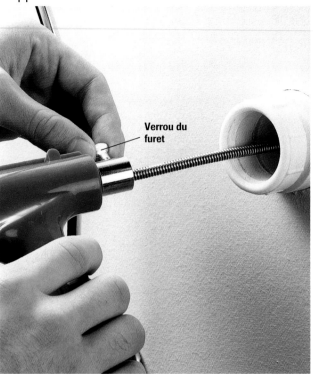

1 Enlevez le siphon. Poussez dans la canalisation le serpentin du furet jusqu'à ce que celui-ci y rencontre une résistance. Cette résistance signifie généralement que l'extrémité du serpentin a atteint un coude de la canalisation d'évacuation.

2 Verrouillez le furet de manière qu'une longueur d'au moins 6 po de serpentin dépasse de l'orifice. Tournez la manivelle dans le sens des aiguilles d'une montre pour que l'extrémité du serpentin aille au-delà du coude de la canalisation.

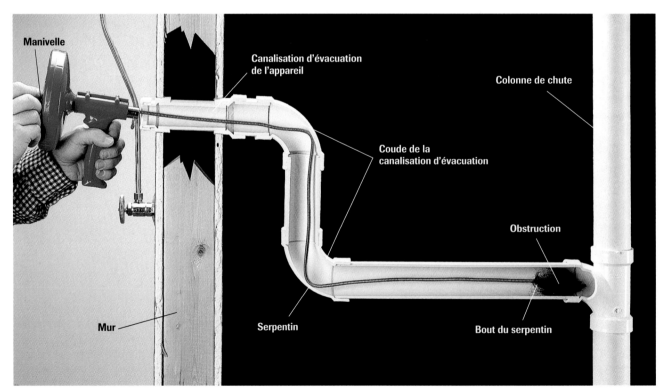

3 Déverrouillez le furet et continuez de pousser le serpentin dans l'orifice jusqu'à ce que ce dernier atteigne une résistance solide. Verrouillez le furet et tournez la manivelle dans le sens des aiguilles d'une montre. Une résistance solide qui empêche le serpentin d'avancer signale que l'obstruction a été atteinte. Certains bouchons, telle une accumulation de cheveux ou un morceau d'éponge, peuvent parfois être saisis par le bout du serpentin et retirés de la canalisation (étape 4). Un résistance continue qui permet au serpentin d'avancer lentement est sans doute le fait d'une accumulation de savon (étape 5).

Poignée

4 Pour sortir l'obstruction de la canalisation, déverrouillez le furet et tournez la manivelle dans le sens des aiguilles d'une montre. Si l'obstruction ne peut être retirée, rebranchez le siphon et servez-vous du furet pour déboucher la canalisation d'évacuation la plus proche ou encore la colonne de chute (pages 238-239).

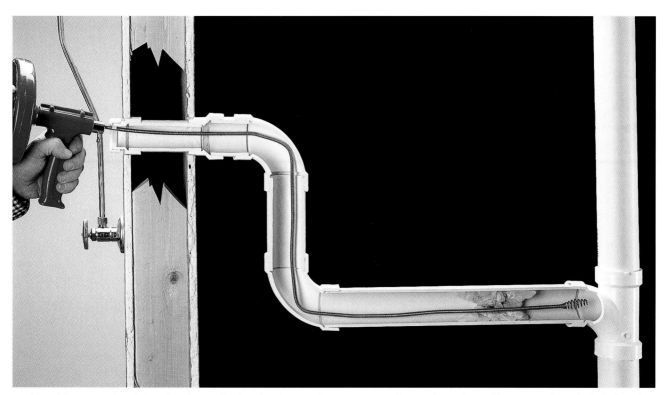

5 Une résistance continue indique la présence d'un bouchon de savon. Passez au travers de cette obstruction en faisant tourner la manivelle du furet dans le sens des aiguilles d'une montre tout en continuant de pousser sur la poignée du furet. Répétez l'opération deux ou trois fois, puis sortez le serpentin. Rebranchez le siphon. Rincez le circuit avec de l'eau chaude pour en chasser les débris.

Dégorgement d'une cuvette de toilette

Le **dispositif d'évacuation d'une toilette** comporte une sortie d'évacuation et un siphon intégré. Ce dispositif est raccordé à une canalisation d'évacuation et à la colonne de chute.

(labels sur l'image: Sortie d'évacuation, Siphon, Canalisation d'évacuation, Plancher, Colonne de chute)

Si une toilette se bouche, c'est généralement qu'un objet est coincé dans le siphon de la cuvette. Pour la déboucher, utilisez un débouchoir à épaulement ou un dégorgeoir à cuvette.

Une toilette dont l'évacuation est lente peut être partiellement bouchée. Débouchez-la avec un débouchoir à épaulement ou un dégorgeoir à cuvette. Il arrive que cette lenteur de l'évacuation signale un blocage dans la colonne de chute. Dans ce cas, débloquez la colonne de chute de la manière indiquée à la page 239.

Tout ce dont vous avez besoin

Outils : débouchoir à épaulement, dégorgeoir à cuvette.

Matériel : seau.

Dégorgement d'une toilette au moyen d'un débouchoir

Placez la ventouse du débouchoir à épaulement dans la sortie d'évacuation et imprimez-y un rapide mouvement de va-et-vient. Versez un seau d'eau dans la cuvette pour en chasser les débris. Si l'évacuation ne se fait pas, répétez la manœuvre ou débouchez la toilette à l'aide d'un dégorgeoir à cuvette.

Dégorgement d'une toilette au moyen d'un dégorgeoir

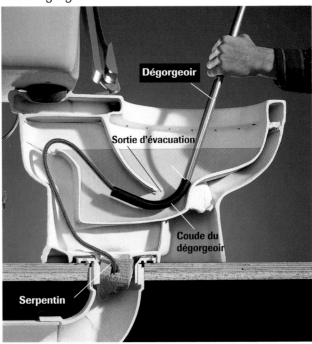

(labels sur l'image: Dégorgeoir, Sortie d'évacuation, Coude du dégorgeoir, Serpentin)

Insérez le coude du dégorgeoir dans la sortie d'évacuation et poussez le serpentin dans le siphon. Tournez la manivelle dans le sens des aiguilles d'une montre pour saisir toute obstruction. Continuez de faire tourner la manivelle tout en retirant l'obstruction du siphon.

Dégorgement de la canalisation d'évacuation d'une douche

Ce sont généralement des cheveux qui bouchent la canalisation d'évacuation d'une douche. Enlevez la crépine et regardez s'il y a une obstruction dans le tuyau (voir ci-dessous). On peut se servir d'un fil métallique pour retirer facilement certaines obstructions.

Les obstructions récalcitrantes peuvent être éliminées à l'aide d'un débouchoir ou d'un furet.

Tout ce dont vous avez besoin

Outils : tournevis, lampe de poche, débouchoir, furet.

Matériel : fil métallique rigide.

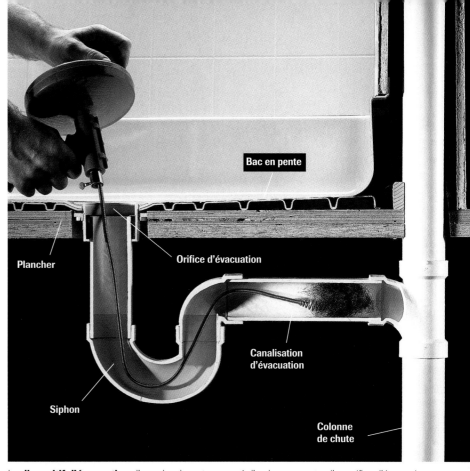

Le **dispositif d'évacuation** d'une douche est composé d'un bac en pente, d'un orifice d'évacuation, d'un siphon ainsi que d'une canalisation d'évacuation raccordée à une conduite d'évacuation secondaire ou à la colonne de chute.

Dégorgement de la canalisation d'évacuation d'une douche

Vérifiez si le dispositif de crépine ne serait pas obstrué. Pour ce faire, enlevez la crépine à l'aide d'un tournevis. Regardez à la lampe de poche s'il y a des cheveux près de l'orifice d'évacuation. Servez-vous d'un fil métallique rigide pour les retirer.

Servez-vous d'un débouchoir pour éliminer la plupart des obstructions. Placez la ventouse du débouchoir sur l'orifice d'évacuation, et faites couler assez d'eau dans la douche pour recouvrir le bord du débouchoir. Exercez un rapide mouvement de va-et-vient vertical sur le manche.

Délogez les obstructions rebelles à l'aide d'un furet. Servez-vous de cet outil de la manière expliquée dans les pages 230-231.

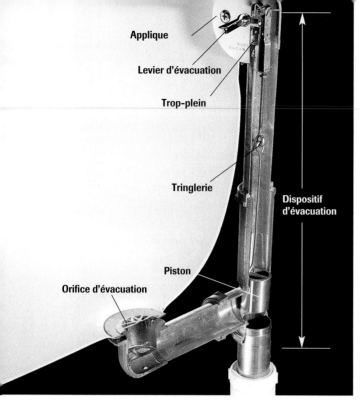

Le **dispositif d'évacuation à piston** est muni d'un bouchon de laiton creux appelé *piston* qui glisse verticalement dans le tuyau de trop-plein pour bloquer le passage de l'eau. Ce piston est actionné par un levier et par une tringlerie traversant le trop-plein.

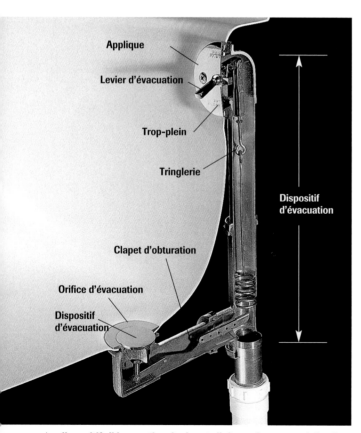

Le **dispositif d'évacuation à clapet d'obturation** est muni d'un bras oscillant qui pivote pour ouvrir ou fermer le clapet d'obturation métallique. Ce bras est mû par un levier d'évacuation et par une tringlerie traversant le trop-plein.

Dégorgement et réglage du dispositif d'évacuation d'une baignoire

Si l'eau de la baignoire se vide lentement ou ne se vide plus du tout, retirez et nettoyez le dispositif de vidange. Les deux types de dispositifs d'évacuation — à piston et à clapet d'obturation — retiennent les cheveux et autres débris qui causent les obstructions.

Si le nettoyage du dispositif de vidange ne règle pas le problème, c'est probablement que la canalisation d'évacuation de la baignoire est obstruée. Dégagez-la à l'aide d'un débouchoir ou d'un furet. Poussez toujours un chiffon mouillé dans l'orifice du trop-plein ; celui-ci empêchera l'entrée d'air de casser le vide causé par le débouchoir. Si vous utilisez un furet, insérez-en toujours le serpentin dans l'orifice du trop-plein.

Si la baignoire ne retient pas l'eau lorsque le clapet d'obturation est fermé, ou si elle continue de se vider trop lentement après le nettoyage du dispositif d'évacuation, c'est que ce dispositif a besoin d'être réglé. Retirez le dispositif et suivez les instructions de la page ci-contre.

Tout ce dont vous avez besoin

Outils : débouchoir, tournevis, petite brosse métallique, pince à bec effilé, furet.
Matériel : vinaigre, graisse résistant à la chaleur, chiffon.

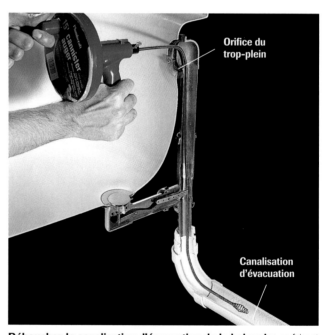

Débouchez la canalisation d'évacuation de la baignoire en faisant passer le serpentin du furet dans l'orifice du trop-plein. Enlevez d'abord l'applique du trop-plein et sortez avec précaution la tringlerie (page ci-contre). Poussez le serpentin du furet dans l'orifice, jusqu'à ce que celui-ci rencontre une résistance (pages 230-231). Une fois l'opération terminée, réinstallez la tringlerie. Ouvrez le clapet d'obturation et faites couler de l'eau chaude pour chasser tous les débris.

Nettoyage et réglage du dispositif d'évacuation à piston

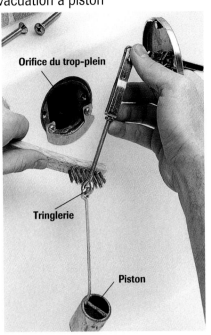

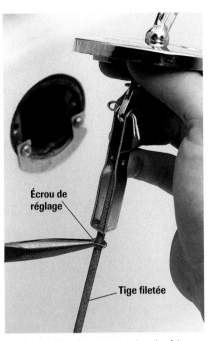

1 Enlevez les vis de l'applique du trop-plein. Avec précaution, ôtez l'applique, la tringlerie et le piston.

2 Nettoyez la tringlerie et le piston avec une petite brosse métallique trempée dans du vinaigre. Lubrifiez-les avec de la graisse résistant à la chaleur.

3 Réglez l'écoulement et corrigez les fuites en réglant la tringlerie. À l'aide d'une pince à bec effilé, dévissez l'écrou d'arrêt de la tige filetée. Vissez la tige sur environ 1/8 po. Serrez l'écrou et réinstallez le dispositif.

Nettoyage et réglage d'un dispositif d'évacuation à clapet d'obturation

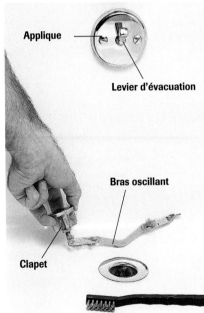

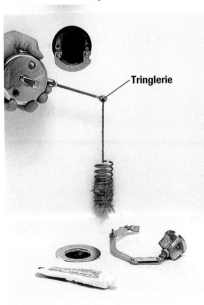

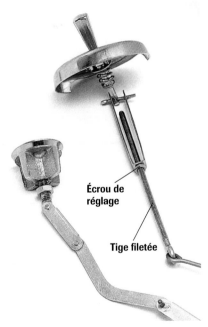

1 Placez le levier d'évacuation en position ouverte. Par l'orifice d'évacuation, retirez avec précaution le clapet d'obturation et le bras oscillant. Avec une petite brosse métallique, enlevez du bras oscillant cheveux et débris.

2 Enlevez les vis de l'applique. Retirez l'applique, le levier d'évacuation et la tringlerie. Éliminez cheveux et débris. Enlevez la rouille de la tringlerie avec une petite brosse métallique trempée dans le vinaigre, puis lubrifiez-la avec de la graisse résistant à la chaleur.

3 Améliorez l'écoulement et corrigez les fuites en réglant la tringlerie. Desserrez l'écrou d'arrêt de la tige filetée. Relevez la tige en la vissant sur environ 1/8 po. Serrez l'écrou et réinstallez le dispositif.

Couvercle

Canalisation d'évacuation de la baignoire

Canalisation d'évacuation du lavabo

Tuyau rejoignant la canalisation d'évacuation de la toilette

Dégorgement d'un siphon tambour

Dans les anciennes maisons, les problèmes d'évacuation du lavabo ou de la baignoire peuvent être causés par l'obstruction des canalisations d'évacuation raccordées à un siphon tambour. Retirez le couvercle du siphon tambour et débouchez chacune des canalisations d'évacuation à l'aide d'un furet.

Le siphon tambour est généralement situé dans le plancher, près de la baignoire. On le reconnaît à son couvercle ou bouchon plat vissé, de niveau avec le plancher. Il est parfois installé la tête en bas sous le plancher, de manière que l'on ait accès au bouchon de l'étage inférieur.

Tout ce dont vous avez besoin

Outils : clé à molette, furet.

Matériel : chiffons ou serviettes, huile de dégrippage, ruban d'étanchéité.

Le **siphon tambour** est un réservoir cylindrique de plomb ou de fonte, auquel se raccorde généralement la canalisation d'évacuation de plusieurs appareils. N'étant pas raccordé à un tuyau d'évent, il n'est plus approuvé pour les nouvelles installations.

Dégorgement du siphon tambour

1 Avant d'ouvrir le siphon, placez des chiffons ou serviettes autour de l'ouverture, pour absorber l'eau qui pourrait refouler.

2 Avec une clé à molette, retirez le couvercle du siphon. Travaillez avec précaution : les anciens siphons tambours sont parfois faits de plomb et se fragilisent au fil des ans. Si le couvercle résiste, appliquez de l'huile de dégrippage pour en lubrifier les filets.

3 Utilisez un furet (pages 230-231) pour déboucher chacune des canalisations. Enroulez du ruban d'étanchéité autour des filets du couvercle ; revissez-le. Rincez toutes les canalisations d'évacuation en faisant couler de l'eau chaude pendant cinq minutes.

Dégorgement des avaloirs de sol

Lorsque l'eau refoule sur le plancher d'un sous-sol, c'est qu'il y a une obstruction dans la canalisation d'évacuation, dans le siphon ou dans la canalisation d'égout. Servez-vous d'un furet ou d'un ajutage à expansion pour déboucher la canalisation d'évacuation ou le siphon. Pour déboucher la canalisation d'égout, suivez les instructions des pages 238-239.

L'ajutage à expansion est particulièrement utile pour déboucher les avaloirs de sol. Il suffit d'attacher l'ajutage à un tuyau d'arrosage et de l'insérer dans l'avaloir. Une fois rempli d'eau, l'ajutage pourra libérer un puissant jet d'eau qui délogera l'obstruction.

Tout ce dont vous avez besoin

Outils : clé à molette, tournevis, furet, ajutage à expansion.

Matériel : tuyau d'arrosage

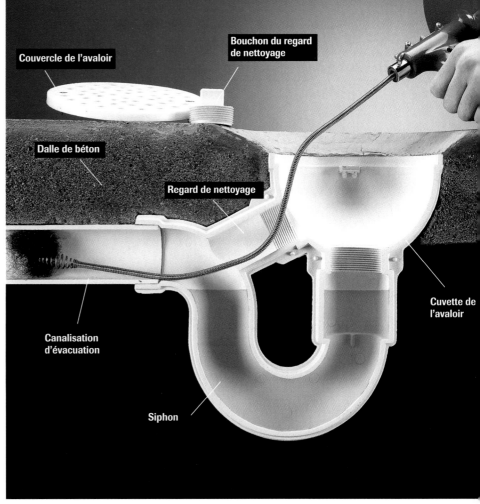

Débouchez l'avaloir de sol à l'aide d'un furet. Enlevez le couvercle de l'avaloir, puis, avec une clé, dévissez le bouchon du regard de nettoyage se trouvant dans la cuvette de l'avaloir. Poussez le serpentin du furet directement dans le regard.

Dégorgement de l'avaloir à l'aide d'un ajutage à expansion

1 Raccordez l'ajutage à un tuyau d'arrosage. Raccordez le tuyau à un robinet à bec fileté.

2 Retirez le couvercle de l'avaloir ainsi que le bouchon du regard de nettoyage. Insérez complètement l'ajutage dans l'orifice du regard et ouvrez l'eau. L'ajutage sera efficace au bout de quelques minutes.

Dégorgement des canalisations d'évacuation principale et secondaires

Si le débouchoir ou le furet ne vient pas à bout de l'obstruction dans la canalisation d'évacuation de l'appareil, il se peut que cette obstruction se situe dans la canalisation d'évacuation secondaire, dans la colonne de chute ou dans la canalisation d'égout (voir la photo, page 13).

Commencez par recourir au furet pour déboucher la canalisation d'évacuation secondaire la plus proche de l'appareil sanitaire concerné. L'accès à une canalisation d'évacuation secondaire se fait par le regard de nettoyage situé à l'extrémité de celle-ci. Puisque des eaux usées peuvent s'être accumulées dans le tuyau, ouvrez le regard avec beaucoup de précaution. Placez un seau, des chiffons et des journaux sous celui-ci. Tenez-vous à l'écart, jamais sous le regard, durant le dévissage du bouchon ou du couvercle.

Si le nettoyage au furet de la canalisation d'évacuation secondaire ne règle pas le problème, c'est peut-être que l'obstruction se situe dans la colonne principale. Pour nettoyer celle-ci, faites entrer le serpentin du furet dans le tuyau d'évent, sur le toit. Assurez-vous que le serpentin du furet est assez long pour rejoindre l'extrémité de la colonne. Si ce n'est pas le cas, vous pouvez emprunter ou louer un autre furet. Soyez toujours très prudent lorsque vous travaillez sur le toit ou sur une échelle.

Si la colonne de chute n'est pas obstruée, vérifiez l'état de la canalisation d'égout. Trouvez le regard de nettoyage principal, qui est généralement un raccord en Y situé au bas de la colonne de chute. Retirez le bouchon ; poussez le serpentin du furet dans le regard.

La canalisation d'égout de certaines vieilles maisons est munie d'un siphon de maison — raccord en U situé à l'endroit où la canalisation d'égout sort de la maison. La plus grande partie de ce raccord se trouve sous le sol, mais il se reconnaît à ses deux ouvertures. Nettoyez-le avec un furet.

Si le serpentin du furet rencontre une résistance solide dans la canalisation, retirez-le et inspectez-en l'extrémité. La présence de radicelles indique que la canalisation est obstruée par des racines d'arbre ; la présence de saletés sur l'extrémité du serpentin indique que la canalisation s'est affaissée.

Pour enlever les racines d'arbre de la canalisation, utilisez un dégorgeoir mécanique (page 37) que vous pouvez vous procurer dans un centre de location d'outils. Il s'agit d'un gros outil, très lourd. Avant de le louer, évaluez si, compte tenu du prix de la location et de vos aptitudes, vous ne feriez pas mieux de recourir à un service de nettoyage d'égout. Si vous décidez de louer l'outil, demandez au locateur un mode d'emploi complet.

Dans le cas d'une canalisation affaissée, recourez à un service de nettoyage d'égouts.

Tout ce dont vous avez besoin

Outils : clé à molette ou clé à tuyau, furet, ciseau à froid, marteau à panne ronde.

Matériel : seau, chiffons, huile de dégrippage, bouchons de regard de nettoyage (si requis), pâte à joints.

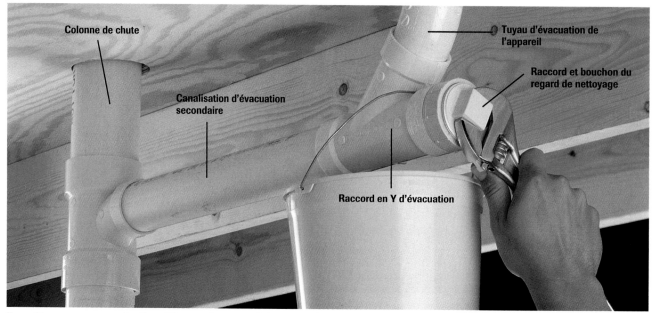

Colonne de chute

Canalisation d'évacuation secondaire

Tuyau d'évacuation de l'appareil

Raccord et bouchon du regard de nettoyage

Raccord en Y d'évacuation

Pour dégorger une canalisation d'évacuation secondaire, trouvez le regard de nettoyage situé à l'extrémité de celle-ci. Placez un seau sous le regard ; à l'aide d'une clé à molette, dévissez lentement le bouchon du regard. Débouchez la canalisation à l'aide d'un furet (pages 230-231).

Pour déboucher la colonne de chute, faites entrer le serpentin du furet dans le tuyau d'évent, sur le toit. Soyez toujours très prudent lorsque vous travaillez sur le toit ou sur une échelle.

Débouchez le siphon de maison de la canalisation d'égout à l'aide d'un furet. Retirez lentement le bouchon du « côté rue ». Si de l'eau en sort durant le dévissage, c'est que l'obstruction se trouve dans la partie de la canalisation d'égout qui est en aval du siphon. S'il n'y a pas d'écoulement d'eau, essayez de déboucher le siphon avec un furet. S'il n'y a pas d'obstruction dans le siphon, refermez-en l'ouverture « côté rue » et retirez le bouchon de l'ouverture « côté maison ». Servez-vous du furet pour déloger toute obstruction située entre le siphon de maison et la colonne principale.

Enlèvement et remplacement du bouchon de nettoyage de la canalisation d'évacuation principale

1 À l'aide d'une grosse clé à tuyau, enlevez le bouchon du regard de nettoyage. Si le bouchon ne veut pas tourner, versez de l'huile de dégrippage sur sa circonférence ; attendez 10 minutes, puis essayez de nouveau de le dévisser. Placez des chiffons et un seau sous le raccord.

2 Si le bouchon résiste, essayez de le faire tourner avec un ciseau à froid et un marteau à panne ronde. Placez la lame du ciseau sur le bord du bouchon et donnez-y des coups de marteau pour que le bouchon tourne dans le sens inverse des aiguilles d'une montre. Si le bouchon résiste encore, cassez-le à coups de ciseau. Enlevez-en tous les morceaux.

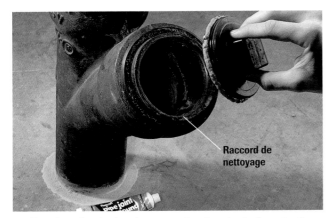

3 Remplacez l'ancien bouchon par un bouchon de plastique. Appliquez de la pâte à joints sur les filets du bouchon de rechange et vissez celui-ci dans le raccord.

Autre solution : Utilisez un bouchon de caoutchouc à expansion, lequel est muni d'un écrou à oreilles qui comprime le cœur de caoutchouc entre deux plaques métalliques. Le caoutchouc écrasé prend une forme convexe qui crée un joint étanche.

Réparation du chauffe-eau

Mamelon antirefroidisseur

Chapeau de carneau

Tuyau souple d'eau froide

(1) Sortie d'eau chaude

Réservoir à revête-ment de verre

(2) Tube plongeur

Soupape de sûreté

Anode

Enveloppe extérieure

Isolant

(5) Carneau

Bouton de réenclenchement

(3) Thermostat

Robinet de gaz

(4) Brûleur

Boîte de commande

Thermocouple

Tuyau de gaz de la veilleuse

Tuyau de gaz du brûleur

Le chauffe-eau ordinaire est conçu de manière que son entretien soit facile : des panneaux de service amovibles vous permettront d'enlever et de remplacer aisément les pièces usées. N'achetez que des pièces qui conviennent à la spécification de votre chauffe-eau. La plupart de ceux-ci sont munis d'une plaque signalétique (page 246) contenant tous les renseignements nécessaires, notamment la pression nominale du réservoir ainsi que la tension et la puissance des éléments chauffants électriques.

On peut prévenir beaucoup de défectuosités grâce à un entretien annuel de l'appareil. Vidangez le chauffe-eau tous les ans et vérifiez le fonctionnement de la soupape de sûreté. Réglez le thermostat à une température peu élevée afin de prévenir les dommages qu'une chaleur excessive pourrait causer au réservoir. (NOTE : La température de l'eau du chauffe-eau peut avoir un effet sur l'efficacité du lave-vaisselle. Suivez les recommandations du fabricant relativement à la température de l'eau.) En moyenne, le chauffe-eau dure une dizaine d'années ; mais, bien entretenu, il pourra durer jusqu'à vingt ans, parfois plus longtemps.

N'installez pas de chemise isolante autour du chauffe-eau au gaz, car celle-ci pourrait nuire à l'apport d'air nécessaire à la ventilation de l'appareil. Bon nombre de fabricants interdisent l'utilisation de telles chemises. Pour économiser de l'énergie, isolez plutôt les tuyaux d'eau chaude, à l'aide du matériel décrit à la page 260.

La soupape de sûreté est un dispositif de sécurité essentiel qui doit être inspecté tous les ans et remplacé au besoin. Lorsque vous remplacez cette soupape, coupez l'alimentation en eau et laissez s'écouler du réservoir quelques dizaines de litres d'eau.

Fonctionnement du chauffe-eau au gaz : L'eau froide entre dans l'appareil par le **tube plongeur (2),** tandis que l'eau chaude le quitte par la **sortie d'eau chaude (1).** Lorsque la température de l'eau baisse, le **thermostat (3)** ouvre la soupape de gaz, et la veilleuse allume le **brûleur (4).** Les gaz de combustion sont évacués par le **carneau (5).** Lorsque l'eau atteint la température de consigne, le thermostat referme la soupape de gaz, ce qui éteint le brûleur. Le thermocouple protège contre les fuites de gaz en interrompant automatiquement l'alimentation en gaz si la veilleuse s'éteint. L'anode prévient la corrosion de la chemise interne du chauffe-eau en attirant les éléments corrosifs. La soupape de sûreté protège le réservoir contre une accumulation de vapeur, qui risquerait de le faire éclater.

Défectuosité	Réparation
Absence ou insuffisance d'eau chaude	1. **Chauffe-eau au gaz :** vérifiez si le gaz est bien ouvert ; rallumez la veilleuse (page 251). **Chauffe-eau électrique :** vérifiez si le courant ne serait pas coupé ; remettez le thermostat en marche (page 253). 2. Vidangez le réservoir pour en chasser les sédiments (photo ci-dessous). 3. Isolez les tuyaux d'eau chaude pour réduire les pertes de chaleur (page 260). 4. **Chauffe-eau au gaz :** nettoyez le brûleur et remplacez le thermocouple (pages 242-243). **Chauffe-eau électrique :** remplacez l'élément chauffant ou le thermostat (pages 244-245). 5. Augmentez la valeur de consigne du thermostat.
Fuite à la soupape de sûreté.	1. Réduisez la valeur de consigne du thermostat (photo ci-dessous). 2. Installez une nouvelle soupape de sûreté (pages 248-249, étapes 10-11).
La veilleuse refuse de rester allumée	Nettoyez le brûleur et remplacez le thermocouple (pages 242-243).
Fuite à la base du réservoir	Remplacez immédiatement le chauffe-eau (pages 246-253).

Conseils pour l'entretien du chauffe-eau

Nettoyez le chauffe-eau une fois par an en laissant s'écouler quelques dizaines de litres d'eau. Cette vidange annuelle chasse les sédiments pouvant causer de la corrosion et une perte d'efficacité.

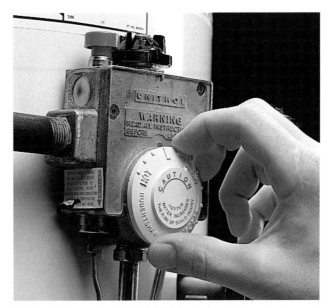

Réglez le thermostat à 140 °F (60 °C). Une température plus basse réduit le risque que le chauffe-eau soit endommagé par une surchauffe, en plus de réduire votre consommation d'énergie.

Réparation d'un chauffe-eau au gaz

Si votre chauffe-eau au gaz ne réchauffe pas l'eau, enlevez les panneaux de service intérieur et extérieur pour vous assurer que la veilleuse est allumée. Rallumez-la au besoin (page 251, étapes 20-23). Lorsque le chauffe-eau fonctionne, les panneaux de service intérieur et extérieur doivent être en place. Si le chauffe-eau fonctionne sans ces panneaux, des courants d'air risquent d'éteindre la veilleuse.

Si vous n'arrivez pas à allumer la veilleuse, c'est probablement que le thermocouple est usé. Le thermocouple — mince fil de cuivre courant de la boîte de commande jusqu'au brûleur — est un dispositif de sécurité conçu pour couper automatiquement le gaz dès que s'éteint la veilleuse. Un thermocouple neuf ne coûte pas cher et s'installe en quelques minutes.

Si la veilleuse est allumée mais que le brûleur ne l'est pas, ou si la flamme du brûleur est jaune et qu'elle dégage de la fumée, nettoyez le brûleur et le tuyau de gaz de la veilleuse. Nettoyez-les tous les ans pour améliorer l'efficacité énergétique de l'appareil et pour en prolonger la vie utile.

Le chauffe-eau au gaz doit être bien ventilé. Si vous sentez de la fumée provenant de l'appareil, éteignez-le et vérifiez si le conduit d'évacuation ne serait pas encrassé de suie. Remplacez ce conduit s'il est rouillé.

N'oublier pas de couper le gaz avant de commencer le travail.

Tout ce dont vous avez besoin

Outils : clé à molette, aspirateur, pince à bec effilé.

Matériel : fils métalliques fins, thermocouple de rechange.

Nettoyage du brûleur et remplacement du thermocouple

1 Coupez le gaz en mettant à la position d'arrêt OFF le robinet de gaz situé sur la boîte de commande. Attendez 10 minutes que le gaz se dissipe.

2 À l'aide d'une clé à molette, débranchez de la boîte de commande le tuyau de gaz de la veilleuse et celui du brûleur, ainsi que le thermocouple.

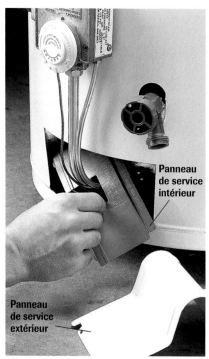

3 Enlevez les panneaux de service intérieur et extérieur recouvrant la chambre du brûleur.

4 Tirez doucement, vers le bas, sur le tuyau de gaz de la veilleuse, sur celui du brûleur ainsi que sur le thermocouple pour les détacher de la boîte de commande. Faites basculer légèrement le brûleur pour le sortir de sa chambre.

Remplacement d'un chauffe-eau au gaz

1 Coupez le gaz en faisant tourner le levier du robinet jusqu'à ce qu'il soit perpendiculaire à la canalisation de gaz. Attendez 10 minutes, le temps que le gaz se dissipe. Coupez l'eau aux robinets d'arrêt de l'appareil (photo ci-dessous).

2 À l'aide de clés à tuyau, débranchez la canalisation de gaz au raccord union ou encore au raccord à collet évasé situé sous le robinet d'arrêt. Démontez et conservez les tuyaux et raccords de gaz.

3 Videz le chauffe-eau en ouvrant le robinet à bec fileté situé sur la paroi de l'appareil. Videz l'eau dans des seaux, ou raccordez un tuyau au robinet et laissez l'eau s'écouler dans un avaloir de sol.

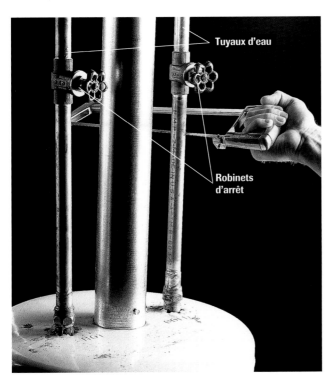

4 Détachez les tuyaux d'eau froide et d'eau chaude de la partie supérieure du chauffe-eau. S'il s'agit de tuyaux de cuivre brasés, utilisez une scie à métaux ou un coupe-tuyau pour les sectionner juste au-dessous des robinets d'arrêt. La coupe doit être bien droite.

5 Détachez le conduit d'échappement en enlevant les vis à tôle. Servez-vous du diable à électroménagers pour enlever le vieux chauffe-eau.

(suite à la page suivante)

Remplacement d'un chauffe-eau au gaz (suite)

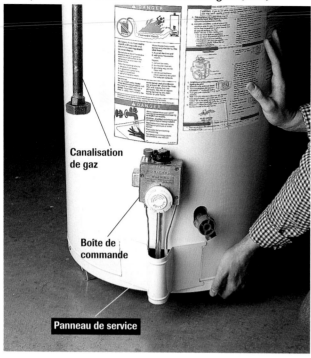

Canalisation de gaz

Boîte de commande

Panneau de service

6 Placez le nouveau chauffe-eau de manière que la boîte de commande se trouve près de la canalisation de gaz et que l'accès au panneau de service de la chambre du brûleur soit aisé.

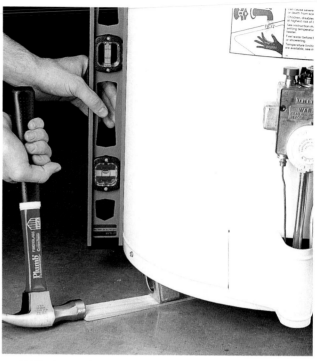

7 Vérifiez la verticalité du chauffe-eau à l'aide d'un niveau placé contre la paroi de l'appareil. Au besoin, placez des cales de bois sous les pattes de l'appareil.

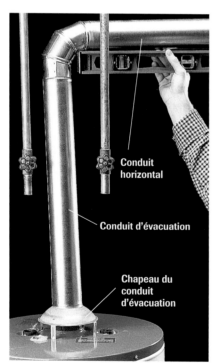

Conduit horizontal

Conduit d'évacuation

Chapeau du conduit d'évacuation

8 Placez le chapeau de manière que les pattes de celui-ci s'insèrent dans les fentes du chauffe-eau, puis glissez le conduit d'évacuation sur le chapeau. Vérifiez la pente ascendante du conduit horizontal, laquelle devrait être de ¼ po par pied, pour que les fumées ne refoulent pas dans la maison.

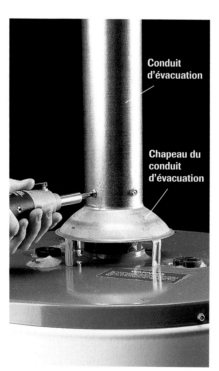

Conduit d'évacuation

Chapeau du conduit d'évacuation

9 Attachez le chapeau au conduit d'échappement en installant des vis à tôle n° 4 de ⅜ po à intervalles de 4 po.

Ruban d'étanchéité

10 Enroulez du ruban d'étanchéité sur les filets d'une nouvelle soupape de sûreté. Avec une clé à tuyau, vissez la soupape dans l'ouverture du réservoir.

Adaptateur mâle fileté

Tuyau d'évacuation

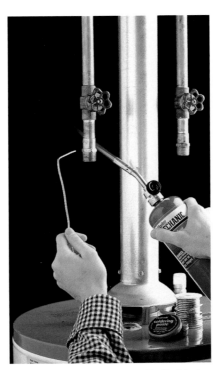

11 Raccordez un bout de tuyau de cuivre ou de PVCC à la soupape de sûreté à l'aide d'un adaptateur mâle fileté (page 43). L'extrémité du tuyau doit se trouver à environ 3 po du sol.

12 Brasez un adaptateur mâle fileté à chacun des tuyaux d'eau (pages 46-51). Laissez les tuyaux refroidir, puis enroulez du ruban d'étanchéité autour des filets des adaptateurs.

13 Enroulez du ruban d'étanchéité autour des filets de deux mamelons antirefroidisseurs. Observez attentivement les mamelons : le code de couleurs et les flèches d'orientation vous aideront à les installer correctement.

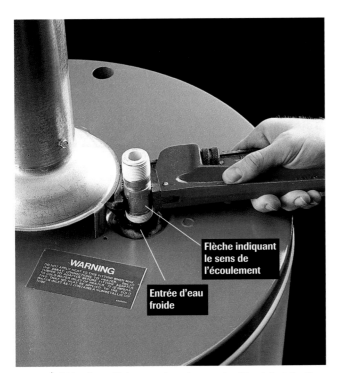

Flèche indiquant le sens de l'écoulement

Entrée d'eau froide

WARNING

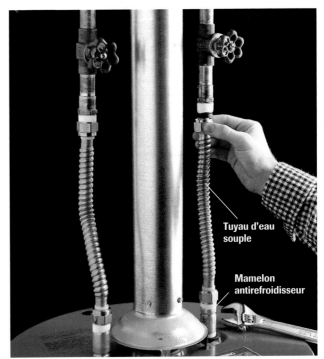

Tuyau d'eau souple

Mamelon antirefroidisseur

14 À l'aide d'une clé à tuyau, vissez le mamelon bleu à l'entrée d'eau froide, et le rouge à la sortie d'eau chaude. Installez le mamelon d'eau froide en orientant la flèche vers le bas ; orientez vers le haut la flèche du mamelon d'eau chaude.

15 Raccordez les tuyaux d'eau aux mamelons antirefroidisseurs au moyen de tuyaux souples. Resserrez les raccords avec une clé à molette.

(suite à la page suivante)

Remplacement d'un chauffe-eau au gaz (suite)

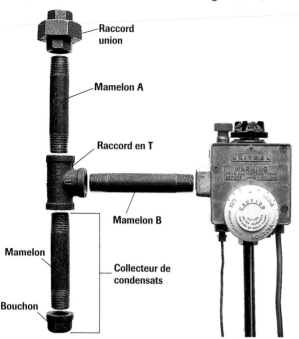

Raccord union

Mamelon A

Raccord en T

Mamelon B

Mamelon

Collecteur de condensats

Bouchon

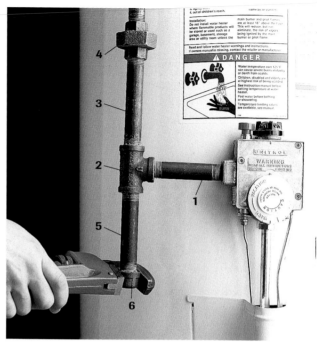

16 Vérifiez si les tuyaux et raccords de gaz de l'ancien chauffe-eau peuvent convenir au nouveau (étape 2). Vous aurez peut-être besoin d'un ou deux nouveaux mamelons de fer noir (A et B) si votre nouveau chauffe-eau est plus grand ou plus petit que l'ancien. Pour les tuyaux de gaz, utilisez toujours du fer noir et non pas du fer galvanisé. Le mamelon à bouchon, appelé *collecteur de condensats*, protège le brûleur en attrapant les particules de saleté.

17 Servez-vous d'une petite brosse métallique pour nettoyer les filets des tuyaux, enduisez-les ensuite de pâte à joints. Montez la canalisation de gaz dans l'ordre suivant : mamelon de la boîte de commande (1), raccord en T (2), mamelon vertical (3), raccord union (4), mamelon vertical (5), bouchon (6). (Le fer noir se raccorde de la même manière que le fer galvanisé. Consultez les pages 64-67.)

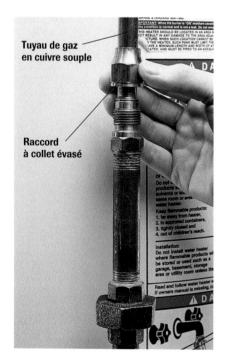

Tuyau de gaz en cuivre souple

Raccord à collet évasé

Solution de rechange : Si la canalisation de gaz est faite de cuivre souple, utilisez un raccord à collet évasé pour relier la canalisation de gaz au chauffe-eau. (Vous trouverez aux pages 54-55 un complément d'information sur ce type de raccord.)

18 Ouvrez tous les robinets d'eau chaude de la maison ; ouvrez ensuite les robinets d'arrêt (entrée et sortie) du chauffe-eau. Lorsque l'eau s'écoule normalement de tous les robinets d'eau chaude, refermez-les.

19 Ouvrez le robinet de gaz situé sur la canalisation de gaz (étape 1). Pour en vérifier l'étanchéité, appliquez de l'eau savonneuse sur chacun des raccords. S'il y a fuite, des bulles se formeront. Dans ce cas, resserrez les raccords qui fuient à l'aide d'une clé à tuyau.

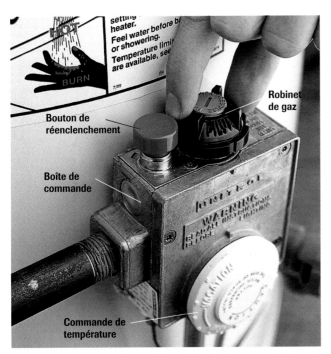

Robinet de gaz

Bouton de réenclenchement

Boîte de commande

Commande de température

20 Placez le robinet de gaz situé sur la boîte de commande à la position veilleuse (*pilot*). Réglez à la valeur de consigne désirée la commande de température située sur la partie avant de la boîte.

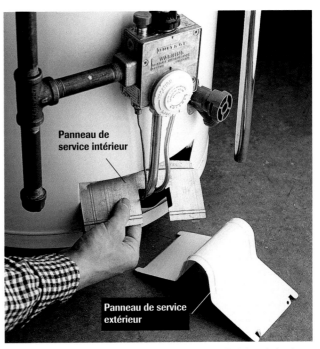

Panneau de service intérieur

Panneau de service extérieur

21 Enlevez les panneaux de service extérieur et intérieur de la chambre du brûleur.

Veilleuse

22 Craquez une allumette, tenez la flamme près de l'extrémité du tuyau de gaz de la veilleuse, dans la chambre du brûleur. N'approchez pas le visage de l'ouverture.

Robinet de gaz

Bouton de réenclenchement

23 En continuant de tenir l'allumette enflammée, appuyez sur le bouton de remise en marche situé sur le dessus de la boîte de commande. Lorsque la veilleuse s'allume, gardez le bouton enfoncé encore une minute. Mettez le robinet de gaz à la position de marche ON. Réinstallez les panneaux de service intérieur et extérieur.

Remplacement d'un chauffe-eau électrique de 220/240 V

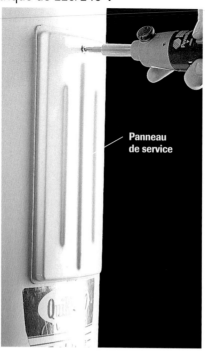

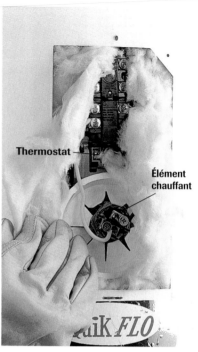

1 Au tableau de distribution principal, coupez le courant alimentant le chauffe-eau en enlevant le fusible du circuit ou en déclenchant le disjoncteur. Videz le chauffe-eau et détachez-en les tuyaux d'eau (page 247, étapes 3-4).

2 Retirez l'un des panneaux de service des éléments chauffants.

3 Les mains gantées, repliez l'isolant pour exposer le thermostat. **Ne touchez pas aux fils avant de vous être assuré qu'ils ne sont plus sous tension.**

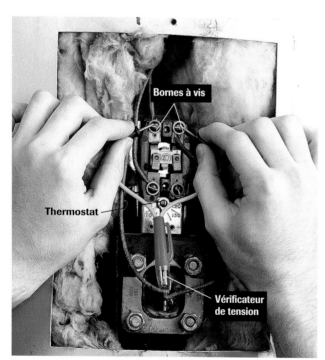

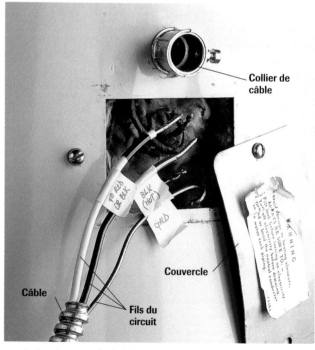

4 Vérifiez si le courant a bien été coupé en plaçant les sondes d'un vérificateur de tension sur les deux bornes supérieures du thermostat. Si l'ampoule du vérificateur s'allume, c'est que les fils sont encore sous tension ; fermez l'interrupteur principal et effectuez une nouvelle vérification.

5 Retirez le couvercle de la boîte électrique située sur le côté ou sur le dessus du chauffe-eau. Étiquetez tous les fils avec du ruban-cache, puis détachez-les. Desserrez le collier du câble, puis enlevez les fils en les faisant passer dans le collier. Enlevez l'ancien chauffe-eau et mettez le nouveau à sa place.

Entretien de l'installation septique

Faites inspecter et vidanger votre fosse septique régulièrement.	Si la fosse est négligée, l'installation septique cessera de fonctionner correctement ; le refoulement des eaux usées présentera un risque grave pour la santé de votre famille. Les experts recommandent de vider la fosse tous les ans ou tous les deux ans. Évitez d'utiliser des produits chimiques. Les produits chimiques et agents antibactériens puissants tuent les bactéries essentielles au bon fonctionnement de l'installation septique.
Ne versez pas les produits suivants dans les toilettes et renvois de la maison :	produits de débouchage peintures et diluants nettoyeurs chimiques chlore (notamment les nettoyants pour cuvettes automatiques) savons antibactériens
Limitez les rejets de déchets de cuisine.	Les matières grasses alimentaires nuisent au fonctionnement de l'installation septique en se déposant dans les tuyaux, en gênant la décomposition bactérienne dans le réservoir et en obstruant le matériau non compacté du champ d'épandage. Jetez la graisse alimentaire et les restes d'aliments à la poubelle ou sur le tas de compost. Dirigez l'eau des gouttières loin de l'installation d'évacuation de la maison
Limitez les rejets d'eau. Les broyeurs à déchets surchargent l'installation et doublent parfois la vitesse d'accumulation des boues dans le réservoir. Réparez promptement les appareils qui fuient. Ne videz pas une piscine ou une cuve à remous dans le réseau d'évacuation de la maison.	Les rejets d'eau excessifs accélèrent la circulation des eaux usées dans l'installation. Les bactéries n'ont plus le temps de faire leur travail, et trop de matières solides atteignent le champ d'épandage.
N'utilisez jamais d'additifs pour activer la décomposition.	Les additifs biologiques destinés à stimuler la croissance bactérienne font souvent plus de mal que de bien. Ces additifs excitent les bactéries anaérobies dans la fosse septique ; leur activité accrue provoque le rejet dans le champ d'épandange de matières solides non dissoutes.

Entretien de l'installation septique

Si vos renvois sont lents ou qu'ils ne fonctionnent pas du tout, c'est peut-être que la canalisation d'évacuation principale de la maison est obstruée ou que l'installation septique est engorgée. Vérifiez d'abord cette canalisation. Pour la déboucher, utilisez un dégorgeoir mécanique et non pas des produits chimiques de débouchage.

Si la canalisation d'évacuation principale n'est pas bouchée, le mauvais fonctionnement de l'installation septique est peut-être causé par le colmatage du champ d'épandage, par l'absence de bactéries dans l'installation ou par le fait que la fosse est pleine. Les autres signes de mauvais fonctionnement de l'installation sont la présence d'eau foncée à la surface du champ d'épandage et l'odeur d'égout dans la maison ou à proximité de celle-ci.

Tous ces symptômes peuvent indiquer un problème sérieux. Les déchets organiques humains sont considérés comme des déchets dangereux et leur élimination est sévèrement réglementée. Les fosses septiques dégagent du méthane, un gaz explosif, et peuvent contenir des virus mortels. Demandez à des spécialistes d'inspecter votre installation septique et d'en assurer l'entretien.

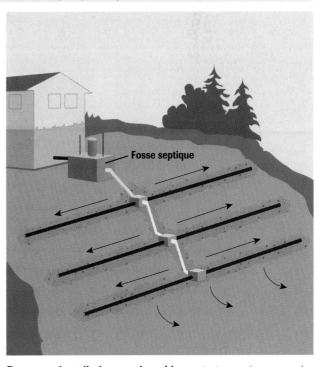

Dans une installation septique bien entretenue, les eaux usées sont dirigées dans des tuyaux courant dans un champ d'épandage. Les déchets solides s'accumulent au fond de la fosse. Ces déchets sont pompés à intervalles de 1 à 3 ans, et éliminés.

Réparation d'un tuyau gelé ou éclaté

Si un tuyau éclate, fermez immédiatement le robinet d'arrêt principal de la maison. Réparez-le temporairement à l'aide d'une bride et d'une plaquette manchon de caoutchouc (page ci-contre).

C'est généralement le gel de l'eau contenue dans le tuyau qui fait éclater celui-ci. Avec des gaines isolantes en mousse, protégez contre le gel les tuyaux qui courent dans les vides sanitaires et les espaces non chauffés.

Un tuyau gelé mais non éclaté empêchera l'eau de s'acheminer vers les robinets et appareils. Il est facile de dégeler un tuyau, mais plus compliqué de repérer l'emplacement exact du bouchon de glace. Laissez ouvert le robinet qui ne fonctionne plus. Cherchez le tuyau qui l'alimente, et les endroits où ce tuyau court à proximité d'un mur extérieur ou dans une zone non chauffée. Dégelez le tuyau à l'aide d'un sèche-cheveux ou d'un pistolet thermique (ci-dessous).

Il se peut que les vieux raccords ou les tuyaux corrodés fuient ou éclatent. Réparez-les en suivant les instructions des pages 44-71.

Avant toute réparation d'urgence, fermez le robinet d'arrêt principal de la maison, généralement situé près du compteur d'eau.

Tout ce dont vous avez besoin

Outils : pistolet thermique ou sèche-cheveux, gants, lime métallique, tournevis.

Matériel : manchon isolant pour tuyau, bride et plaquette de caoutchouc.

Réparation d'un tuyau obstrué par un bouchon de glace

1 Dégelez le tuyau à l'aide d'un pistolet thermique ou d'un sèche-cheveux. Réglez le pistolet à une chaleur faible et gardez-le en mouvement afin de ne pas surchauffer le tuyau.

2 Laissez refroidir le tuyau, puis protégez-le contre le gel avec un manchon isolant. Protégez ainsi tous les tuyaux courant dans les vides sanitaires et dans les endroits non chauffés.

Solution de rechange : Protégez les tuyaux avec une bande isolante en fibre de verre et un ruban étanche. Pour une protection maximale, enroulez la bande sans la comprimer.

Réparation temporaire d'un tuyau éclaté

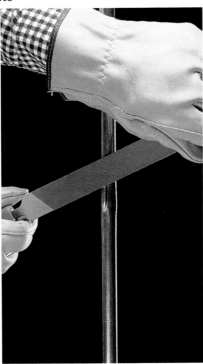

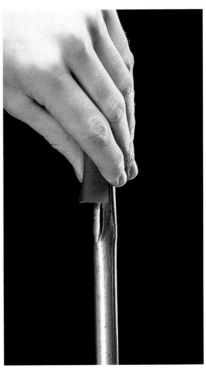

1 Fermez le robinet d'arrêt principal de la maison. Chauffez doucement le tuyau avec un pistolet thermique ou un sèche-cheveux. Gardez en mouvement la buse de l'appareil. Une fois le tuyau dégelé, laissez-le se vider.

2 Lissez les arêtes du métal éclaté à l'aide d'une lime métallique.

3 Placez la plaquette de caoutchouc sur la fissure ; les bords de la plaquette doivent se trouver du côté opposé à la fissure.

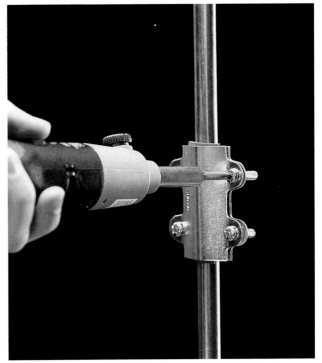

4 Installez les deux brides métalliques sur la plaquette de caoutchouc.

5 Avec un tournevis, fixez solidement les brides. Ouvrez l'eau et vérifiez l'étanchéité de la réparation. S'il y a fuite, resserrez les vis. **Attention ! Cette réparation n'est que temporaire.** Remplacez dès que possible le tronçon de tuyau éclaté.

Réduction des bruits dans la plomberie

Les tuyaux peuvent émettre un bruit assez fort lorsque l'on ferme abruptement un robinet, ou que se ferme la soupape d'un lave-linge ou autre appareil automatique. L'arrêt soudain de la circulation d'eau crée une onde de choc, appelée coup de bélier, qui se propage dans la tuyauterie. De plus, le cognement de tuyaux contre un poteau ou une solive peut faire du bruit.

Mettez fin aux coups de bélier en installant un réservoir d'air, qui n'est en fait qu'un tronçon de tuyau vertical raccordé à la canalisation d'alimentation. Ce réservoir fournit un coussin d'air qui absorbe l'onde de choc. Vous devrez peut-être installer plusieurs de ces réservoirs pour éliminer les coups de bélier.

Avec le temps, l'air du réservoir risque de se dissoudre dans l'eau circulant dans les tuyaux. Pour remplir d'air le réservoir, vidangez la canalisation d'alimentation (page 14). Lorsque celle-ci sera remplie, il y aura de nouveau de l'air dans le réservoir.

Pour faire taire les tuyaux qui cognent contre les poteaux ou solives, installez des coussins faits d'isolant pour tuyau. Assurez-vous que les supports des tuyaux sont bien tendus, et que tous les tuyaux sont solidement soutenus.

Tout ce dont vous avez besoin

Outils : couteau universel, scie alternative ou scie à métaux, chalumeau au propane (pour le cuivre), clés à tuyau (pour le fer galvanisé).

Matériel : isolant pour tuyau en caoutchouc mousse, tuyau et raccords au besoin.

Installez des coussins de caoutchouc mousse pour empêcher les tuyaux de cogner contre les poteaux et les solives.

Les **tuyaux lâches** peuvent cogner contre les étriers des solives ou s'y frotter. Installez des coussins de caoutchouc mousse sur les tuyaux pour éliminer le bruit.

Installation d'un réservoir d'air

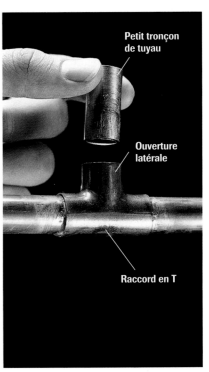

1 Fermez le robinet d'arrêt principal de la maison et vidangez les tuyaux. Mesurez et découpez un tronçon dans un tuyau horizontal pour le remplacer par un raccord en T (pages 44-51).

2 Installez un raccord en T dont l'ouverture est dirigée vers le haut. Recourez aux techniques décrites dans la section « Outils et matériel de plomberie » (pages 32-71).

3 Dans l'ouverture du raccord en T, installez un petit tronçon de tuyau auquel sera attachée une réduction (étape 4).

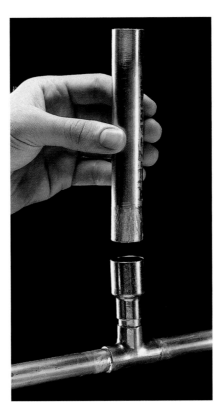

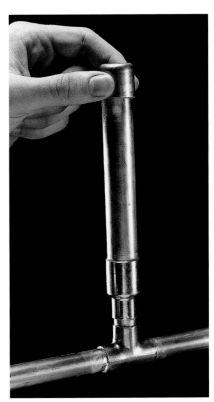

4 Installez une réduction. Grâce à celle-ci, le diamètre du réservoir d'air sera plus grand que celui du tuyau d'alimentation.

5 Installez un tronçon de tuyau de 12 po de longueur, qui servira de réservoir d'air.

6 Placez un bouchon sur le réservoir d'air. Brasez tous les joints. Rétablissez l'alimentation en eau. 4

Conversion des unités de mesure

POUR CONVERTIR:	EN:	MULTIPLIER PAR:
Pouces	Millimètres	25,4
Pouces	Centimètres	2,54
Pieds	Mètres	0,305
Verges	Mètres	0,914
Milles	Kilomètres	1,609
Pouces carrés	Centimètres carrés	6,45
Pieds carrés	Mètres carrés	0,093
Verges carrées	Mètres carrés	0,836
Pouces cubes	Centimètres cubes	16,4
Pieds cubes	Mètres cubes	0,0283
Verges cubes	Mètres cubes	0,765
Chopines (US)	Litres	0,473 (Imp. 0,568)
Pintes (US)	Litres	0,946 (Imp. 1,136)
Gallons (US)	Litres	3,785 (Imp. 4,546)
Onces	Grammes	28,4
Livres	Kilogrammes	0,454
Tonnes courtes	Tonnes métriques	0,907

POUR CONVERTIR:	EN:	MULTIPLIER PAR
Millimètres	Pouces	0,039
Centimètres	Pouces	0,394
Mètres	Pieds	3,28
Mètres	Verges	1,09
Kilomètres	Milles	0,621
Centimètres carrés	Pouces carrés	0,155
Mètres carrés	Pieds carrés	10,8
Mètres carrés	Verges carrées	1,2
Centimètres cubes	Pouces cubes	0,061
Mètres cubes	Pieds cubes	35,3
Mètres cubes	Verges cubes	1,31
Litres	Chopines (US)	2,114 (Imp. 1,76)
Litres	Pintes (US)	1,057 (Imp. 0,88)
Litres	Gallons (US)	0,264 (Imp. 0,22)
Grammes	Onces	0,035
Kilogrammes	Livres	2,2
Tonnes métriques	Tonnes courtes	1,1

Équivalents métriques

	$\frac{1}{64}$	$\frac{1}{32}$	$\frac{1}{25}$	$\frac{1}{16}$	$\frac{1}{8}$	$\frac{1}{4}$	$\frac{3}{8}$	$\frac{2}{5}$	$\frac{1}{2}$	$\frac{5}{8}$	$\frac{3}{4}$	$\frac{7}{8}$	1	2	3	4	5	6	7	8	9	10	11	12	36	39.4
Pouces (po)																										
Pieds (pi)																								1	3	3 $\frac{1}{12}$
Verges																									1	1 $\frac{1}{12}$
Millimètres (mm)	0,40	0,79	1	1,59	3,18	6,35	9,53	10	12,7	15,9	19,1	22,2	25,4	50,8	76,2	101,6	127	152	178	203	229	254	279	305	914	1000
Centimètres (cm)							0,95	1	1,27	1,59	1,91	2,22	2,54	5,08	7,62	10,16	12,7	15,2	17,8	20,3	22,9	25,4	27,9	30,5	91,4	100
Mètres (m)																								0,30	0,91	1,00

INDEX

Achevé d'imprimer en Malaisie